建筑安全警示读本

主编　童伟梁　周文骐　　副主编　林　意

浙江工商大学出版社
ZHEJIANG GONGSHANG UNIVERSITY PRESS

·杭州·

图书在版编目(CIP)数据

建筑安全警示读本 / 童伟梁,周文骐主编. —杭州:浙江工商大学出版社,2020.5

ISBN 978-7-5178-3805-0

Ⅰ.①建… Ⅱ.①童… ②周… Ⅲ.①建筑工程—安全管理 Ⅳ.①TU714

中国版本图书馆 CIP 数据核字(2020)第058974号

建筑安全警示读本

JIANZHU ANQUAN JINGSHI DUBEN

主编 童伟梁　周文骐　副主编 林　意

责任编辑	厉　勇	
责任校对	张春琴	
封面设计	雪　青	
责任印制	包建辉	
出版发行	浙江工商大学出版社	
	(杭州市教工路198号　邮政编码310012)	
	(E-mail:zjgsupress@163.com)	
	(网址:http://www.zjgsupress.com)	
	电话:0571-88904980,88831806(传真)	
排　版	杭州朝曦图文设计有限公司	
印　刷	杭州宏雅印刷有限公司	
开　本	889 mm×1194 mm　1/16	
印　张	6	
字　数	148千	
版 印 次	2020年5月第1版　2020年5月第1次印刷	
书　号	ISBN 978-7-5178-3805-0	
定　价	30.00元	

前言

施工单位想要安全生产必须坚持"安全第一,预防为主"的方针。"安全第一"是原则,也是目标,是从保护和发展生产力的角度,确立了生产与安全的关系,肯定了安全在建筑工程生产活动中的重要地位。"安全第一"的方针,就是要求所有参与工程建筑的人员,包括管理者和从业人员以及对工程建筑活动进行监督管理的人员都必须树立安全第一的观念,不能为了经济的发展而牺牲安全。

当安全与生产活动发生矛盾时,必须先解决安全问题,在保证安全的前提下从事生产活动。也只有这样,才能使生产活动正常进行,才能充分发挥职工的积极性,提高劳动生产率,促进经济的发展,维护社会的稳定。

"预防为主"的手段和途径,是指在生产活动中,根据生产活动的特点,对不同的生产要素采取相应的管理措施,有效地控制不安全因素的发展和扩大,把可能发生的事故消灭在萌芽状态,以保证生产活动中人的安全与健康。

对于施工活动而言,"预防为主"就是必须预先分析危险点、危险源、危险场地等,预测和评估危害程度,发现和掌握危险出现的规律,指定事故应急预案,采取相应措施,将危险消灭在事故发生之前。

总之,"安全第一,预防为主"的方针体现了国家在建筑工程安全生产过程中"以人为本",保护劳动者权利、保护社会生产力、促进社会全面进步的指导思想,是建筑工程安全生产的基本方针。

本书依据建筑专业学生的成长规律,教学内容更具灵活性和针对性。编写这本教材,旨在强调安全施工的重要性,明确发生安全施工的危害性,培养学生施工安全的责任。真正做到"三不伤害",即"不伤害自己,不伤害别人,不能被别人伤害。"

自己不违章,只能保证不伤害自己,不伤害别人。要做到不被别人伤害,这就要求我们及时制止他人违章。制止他人违章既保护了自己,也保护了他人。

编　者

2019 年 11 月

任务　消防安全

1. 明确消防安全防护的重要性。

2. 了解燃烧的基本知识。

3. 初步掌握排查施工现场安全隐患的方法。

知识准备

一、安全事故实例

2009年2月9日,中央电视台附属文化中心工地发生火灾,造成1名消防员牺牲,6名消防员受伤,工程主体建筑的外墙装饰、保温材料及楼内的部分装饰和设备不同程度过火,直接经济损失总计16383万元(其中直接财产损失15072.2万元)。北京市公安局以及相关委办局有关领导亲临一线组织灭火指挥,先后调集85辆消防车、595名官兵到场扑救,共疏散人员800余人,并于2月10日凌晨2时将大火彻底扑灭,确保了该建筑北立面及西侧演播大厅、南侧央视主楼和北侧居民楼的安全,最大限度地减少了人民群众伤亡和国家财产损失。

中央电视台新址园区在建附属文化中心工地位于北京市朝阳区东三环中路32号,建设单位为中央电视台新台址建设工程办公室,施工总承包单位为北京城建集团有限责任公司,外装修单位为中山盛兴股份有限公司。该工程东侧94 m为央视服务楼,南侧93 m为央视新址大楼,西侧49 m为东三环中路,北侧38 m为两栋居民楼。该工程主体为钢筋混凝土结构及钢结构的混合结构,地上30层,地下3层,建筑高度159 m,总建筑面积103648 m²。央视附属文化中心大楼如图1-1所示。

图1-1 央视附属文化中心大楼

（一）事故总结

（1）复杂火灾罕见，难以有效控制。央视新址园区在建附属文化中心建筑结构复杂，建筑内部中庭共享空间大、跨度大，建筑材料特殊，建筑外装饰使用大量可燃材料。火灾发生时，火自上而下、自外而内逆向迅速蔓延，形成立体燃烧，产生高温和有毒烟气，不断有碎片等物品向下坠落，给扑救火灾和救人带来极大难度。

（2）单位安全责任不落实，违法行为未得到及时制止。中央电视台新址园区在建附属文化中心基建部门，其主体安全责任不落实，法律观念淡薄，消防意识缺乏。在组织燃放礼花、烟花的过程中，在许多环节管理人员在明知是违规燃放的情况下，仍未予以有效制止，最终导致了这场恶性火灾的发生。

（3）外墙装饰燃烧性能规范缺乏标准法规。起火建筑物外围使用大量钛锌板、挤塑板以及防水、保温材料。这些材料均是可燃的，钛锌板的熔点仅为400℃左右，在起火的情况下产生大量熔滴和有毒物质，造成自上而下的流淌火，促使蔓延速度加快。目前我国在大量推广所谓节能、轻质、耐观的外墙装饰材料的同时，并没有制定相应的外墙装饰材料燃烧性能规定，缺乏有效的标准规范。

（4）社会监管工作和宣传教育工作还需要进一步加强。火灾事故调查表明，整个礼花、烟花燃放从策划到施放过程，涉及诸多建设、施工单位以及烟花爆竹经营、生产、运输企业，但它们均对安全燃放和火灾防范置若罔闻，说明社会的监管力度还不够强，宣传教育还没有深入民心，反衬出监管和执法要进一步加大力度和更具操作性。

（5）消防车辆装备无法满足扑救超高层火灾的需要。一是虽然近年来云梯车、高喷车、大吨位水罐车、A类泡沫车以及远射程移动水炮的配备数量逐年增加，但是装备规模仍无法应对规模如此大的火灾。二是车辆功率不够大，水炮不能从外部直接打到100 m以上的燃烧部位，而且在超高层建筑内部消防设施不能完全发挥作用的情况下，缺乏向高层外部供水开展灭火的有效手段，对外部迅速燃烧的规律性缺乏认识，还没有更有效的科技手段加以应对。

(二)火灾责任及处理情况

中央电视台副总工程师、央视新址办主任徐某,央视新址办副主任王某,央视国金公司副总经理兼总工程师高某等44名事故责任人被移送司法机关依法追究刑事责任。2010年5月10日,北京市第二中级人民法院一审宣判:央视新址办主任徐某等20人以危险物品肇事罪判处三年到七年不等的有期徒刑,北京城建集团有限责任公司央视电视附属文化中心工程总承包部安保部干部陈某因犯罪行为轻微免予刑事处罚。27名事故责任人受到党纪、政纪处分。其中,给予时任国家广电总局党组成员、中央电视台台长、中央电视台新台址建设工程业主委员会主任赵某行政降级、党内严重警告处分,给予中央电视台副台长、中央电视台新台址建设工程业主委员会常务副主任李某行政撤职、撤销党内职务处分。

二、消防知识

火灾危及公共安全和人员的生命财产安全,一旦发生火灾不仅会使单位的财产和声誉受到严重损失,而且相关责任人还要受到行政处罚,严重的将会受到法律的制裁。因此,我们每个人都应该注重消防安全,保证消防设施完善并正常运行。

(一)施工现场存在的隐患

(1)木工操作,未将锯末及时扫干净。

(2)电焊、气割作业。

(3)梁面上随意抽烟。

(4)室外露天堆放易燃材料。

(5)有氧气瓶、乙炔瓶的作业场区。

(6)电气设备和线路损坏引起火灾。

(7)大型设备加油区域抽烟。

(8)喷漆作业。

(9)工地食堂、临建宿舍等。

(二)燃烧的基本知识

燃烧的发生和发展,必须具备三个必要条件:可燃物、氧化剂(助燃物)、温度(引火源)。只有这样,可燃物质才能发生燃烧,三个条件无论缺少哪一个,燃烧都不会发生。燃烧的基本知识,如图1-2所示。

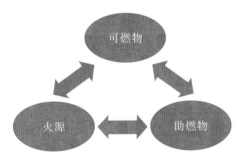

预防最好的措施就是做到无火源

凡是能与空气中的氧或其他氧化剂起化学反应的物质称为可燃物,如木材、汽油、氢气、煤炭、纸张、硫等。

火源是指供给可燃物与助燃物发生燃烧反应的能量来源,一般指生产、生活中的炉火、灯火、焊接火、吸烟火、撞击打火、摩擦打火、机动车辆排气筒火星、电弧、电火花,以及电气设备、电气线路、电气开关和漏电打火、电话、经电火花等。

能帮助和支持可燃物燃烧的物质称为氧化剂(助燃物),通常我们所说的氧化剂(助燃物)指的是氧气。

图1-2 燃烧的基本知识

（三）灭火的基本知识

灭火的几种方法：隔离法（图1-3）、窒息法（图1-4）、冷却法（图1-5）。

图1-3　隔离法

图1-4　窒息法

图1-5　冷却法

隔离法：将正在发生燃烧的物质与其周围可燃物隔离或移开，燃烧就会因为缺少可燃物而停止。如将靠近火源处的可燃物品搬走，拆除接近火源的易燃建筑，关闭可燃气体、液体管道阀门，减少和阻止可燃物质进入燃烧区域等。

窒息法：阻止空气流入燃烧区域，或用不燃烧的气体冲淡空气，使燃烧物得不到足够的氧气而熄灭。如用二氧化碳、氮气、水蒸汽等气体灌注容器设备，将石棉毯、湿麻袋、湿棉被、黄沙等不燃物或难燃物覆盖在燃烧物上，封闭起火的建筑或设备的门窗、孔洞等。

冷却法：将灭火剂（水、二氧化碳等）直接喷射到燃烧物上，把燃烧物的温度降到燃点以下，使燃烧停止；或者将灭火剂喷洒在火源附近的可燃物上，使其不受火焰辐射热的威胁，避免形成新的着火点。

（四）施工现场常见灭火器分类

二氧化碳灭火器：适用于扑救B类火灾（如煤油、柴油、原油、甲醇、乙醇、沥青、石蜡等火灾）、C类火灾（如煤气、天然气、甲烷、乙烷、丙烷、氢气等火灾）、E类火灾（物体带电燃烧的火灾）。

干粉灭火器：手提式干粉灭火器适用于易燃、可燃液体、气体及带电设备的初起火灾；手提式干粉灭火器除可用于上述几类火灾外，还可扑救固体类物质的初起火灾，但都不能扑救金属燃烧火灾。干粉灭火器使用方法，如图1-6所示。

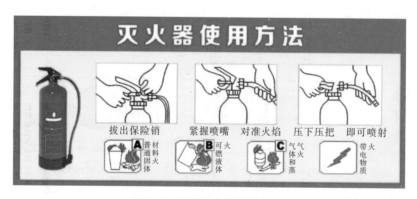

图1-6　干粉灭火器使用方法

🏗 安全要点

一、消防车道

适用位置:适用于施工现场内消防车道的设置。

具体要求如下。

1. 施工现场出入口处的设置要满足消防车通行的要求,并宜布置在不同方向,数量不宜少于2个。

2. 施工现场内设置临时消防车道,临时消防车道与在建工程、临时用房、可燃材料堆场及其加工场的距离不宜小于5 m,且不宜大于40 m。

3. 车道的净宽度和空度均不应小于4 m。车道的路基、路面及其下部设施应能承受消防车通行压力和工作荷载。

4. 车道宜为环形,如设置环形车道确有困难,应在消防车道尽端设置尺寸不小于12 m×12 m的回车场。消防车道如图1-7所示。

图1-7 消防车道

二、消防柜

适用位置:适用于施工现场主出入口处消防柜的设置。

具体要求如下。

1. 消防柜(图1-8)采用50 mm×50 mm×3 mm角钢作为框架焊接制作。

2. 消防柜的上、下、左、右、底面采用1mm镀锌铁皮与框架进行铆接。

3. 隔板采用角钢包1 mm厚铁皮制作,放置于骨架上。

4. 砂箱采用模板进行制作。

5. 消防柜、消防器材按照五五配置,确保完好。

6. 消防柜及砂箱表面涂刷红色油漆。

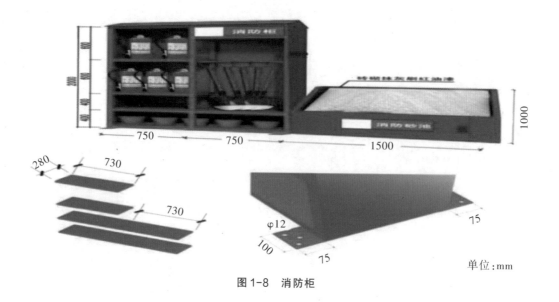

图1-8　消防柜

三、灭火器箱

适用位置：适用于办公生活区、仓库、配电室、木工作业区等需配置灭火器的场所。

具体要求如下。

1. 灭火器箱（图1-9）根据配备的灭火器规格型号采购定型产品，箱体内放置灭火器2只。

2. 灭火器箱不得上锁，表面具有防腐蚀能力。

3. 楼层内每个单元的每一层楼梯口设置一组（2只3kg）灭火器。

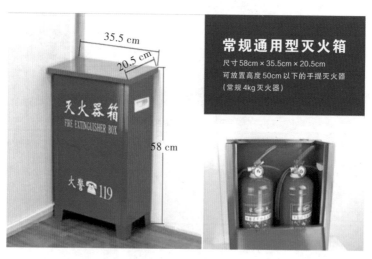

图1-9　灭火器箱

四、消防竖管

适用位置：适用于在建工程临时室内消防竖管的设置。

具体要求如下。

1. 建筑高度24m以上或单体体积超过30000m³的在建工程，要设置临时室内消防竖管（图1-10）。

2. 室内消防竖管与在建工程主体结构施工进度的差距不超过3层。

3. 室内消防竖管设置数量不少于2根,结构封顶时,将消防竖管设置成环状。

4. 消防竖管的管径应根据实际进行计算,且不小于DN100。

5. 每层设置室内消火栓接口及消防软管接口。

6. 结构施工完毕的楼层楼梯处设置消防水枪、水带及软管,且每个设置点不少于2套。

7. 正式消防水投入使用前,严禁停用或拆除临时消防水系统。

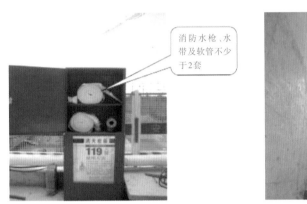

图1-10 消防竖管

五、消防泵房

适用位置:适用于在建工程消防泵房(图1-11)的设置。

具体要求如下。

1. 临时消防给水系统的给水压力满足消防水枪充实水柱长度不小于10 m。给水压力不满足要求时,设置消火栓泵,消火栓泵不少于2台,互为备用。

2. 消火栓泵采用专用消防配电线路,自施工现场总配电箱的总断路器上端接入,保持不间断供电。

3. 消火栓泵采用自动启动装置。

4. 消防泵房使用非燃材料建造,封闭上锁,设专人管理。

消防泵房设置备用水泵 　　　　　　　　封闭式消防泵房

图1-11 消防泵房

六、室外消火栓

适用位置:适用于在建工程室外消火栓(图1-12)的设置。

具体要求如下。

1. 临时室外消防给水干管的管径应根据实际进行计算,且不小于100 mm。

2. 室外消火栓与在建工程、临时用房和可燃材料堆场及其加工场外边线的距离不小于5 m。

3. 室外消火栓的间距不大于120 m。

4. 室外消火栓的保护半径不大于150 m。

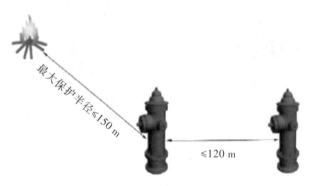

图1-12 室外消火栓

七、消火栓保护围栏

适用位置:适用于在建工程室外消火栓的成品保护。

具体要求如下。

1. 消火栓保护围栏(图1-13)采用Φ48钢管制作。

2. 保护围栏为正方形护栏,规格尺寸为1200 mm×1200 mm,高度与消火栓顶盖下檐水平相等。

3. 保护设施颜色为红白相间,红白颜色图绘长度各为300 mm,弯头油漆为红色。

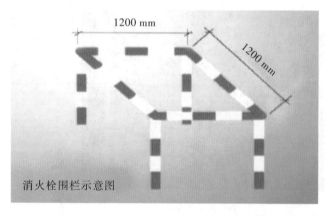

消火栓围栏示意图

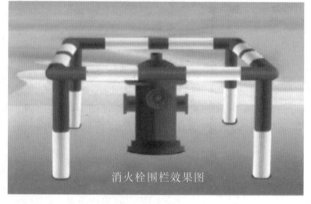

消火栓围栏效果图

图1-13 消火栓保护围栏

八、消防演练

适用位置:适用于施工现场消防演练(图1-14)活动的规定。

具体要求如下。

1. 现场每季度进行一次消防演练,现场工人必须全部会使用灭火器。

2. 消防演练要有计划、有方案,事后有记录,要求全员参与,留影像资料及书面记录。

图1-14 消防演练

 巩固练习

1. 请列举施工现场存在哪些消防安全隐患。

2. 简述常用的灭火方法。

3. 请简述不同类型灭火器的适用情况。

4. 简述消防车道安全要求。

5. 简述消防竖管设置要求。

6. 简述消防演练要点。

模块二 施工用电

任务 施工用电

任务要求

安全须知

随着科技的不断进步,高科技仪器设备被不断应用在建筑行业中。由于建筑施工人员学历水平往往较低,学习新知识的能力较弱,仪器的使用错误导致在施工的过程中触电、漏电事故的发生,这直接威胁着建筑施工人员的生命财产安全。建筑施工现场超负荷运行也是建筑施工过程中存在的主要用电安全隐患。

建筑施工用电大多是临时的,且是大型的。因此,在建筑工程的施工过程中,用电需求很大,导致建筑施工现场输电线路的超负荷运行。此外,由于建筑工程在施工的过程中,所需机器设备较多,且设备的种类也较为繁杂,进而就在一定程度上提高了用电要求。其中,不同种类的机器设备对电力的需求又不尽相同。在施工现场,电量输送都是采用统一输送的模式,这在一定程度上增大了输电线路负荷,导致建筑施工现场易出现火灾或爆炸事件。因此,在建筑施工现场,用电管理人员应严格把控输电线路的用电负荷,进而减少施工现场安全事故的发生。在施工过程中,为了有效保护建筑施工人员的人身安全,减小安全事故发生的概率,国家明确规定,建筑施工方要不断提高用电安全意识,且应安排较为专业的管理人员,对用电过程进行严格的监督与指导,有效减小安全事故发生的概率,保护施工人员的人身安全和现场财产的安全。

虽然我国已制定了建筑施工用电的安全规定,但有不少建筑施工企业没有按规定及时落实,增加了建筑施工过程中的用电安全隐患。此外,为了有效降低用电安全事故发生的概率,建筑方还应在施工现场设置一定的漏电保护和触电的安全防护设施,从而有效保护施工人员的人身安全。有些施工方为了降低施工成本,在建筑施工的过程中没有设置相应的安全防护设备,增加了安全事故发生的可能性。此外,随着大批先进设备的投入使用,建筑施工人员的错误使用以及盲目使用等,都在一定程度上导致机器设备的损坏,从而增加了建筑施工过程中安全事故发生的可能性。随着科技的不断进步以及建筑行业的快速发展,建筑施工过程中的安全隐患也逐渐增多,主要表现在建筑施工用电管理人员无证上岗,缺乏相应的用电安全意识以及建筑施工用电防护设计、具体的实施过程存在缺陷等方面。施工现场室外配电箱,如图2-1所示。

图2-1 施工现场室外配电箱

 知识准备

一、电气设备设置

1. 配电系统应设置室内总配电箱和室外分配电箱,或设置室外总配电箱和分配电箱,实行分级配电。

2. 动力配电箱与照明配电箱宜分别设置,如合置在同一配电箱内,动力和照明线路应分路设置,照明线路接线宜安在动力开关的上侧。

3. 开关箱应有末级分配电箱,开关箱内应一机一闸一漏电,每台用电设备应有自己的开关箱,严禁用一个开关电器直接控制两台及两台以上的用电设备。

4. 总配电箱应设在靠近电源的地方,分配电箱应设在用电设备或负荷相对集中的地区。分配电箱与开关箱的距离不得超过30 m,开关箱与其控制的固定用电设备的水平距离不宜超过3 m。

5. 配电箱、开关箱应装在干燥、通风及常温场所,不得装设在有瓦斯、烟气、蒸汽、液体及其他有害介质中,也不得装设在易受外来固体物撞击、强烈振动、液体浸溅及热源烘烤的场所。配电箱、开关箱周围应有足够两人同时工作的空间,其周围不得堆放任何有碍操作、维修的物品。

6. 配电箱、开关箱的安装要端正、牢固,移动式的箱体设在坚固的支架上。固定式配电箱、开关箱的下部与地面的垂直距离应不大于1.3 m。移动式分配电箱、开关箱应采用铁板或优质绝缘材料制作,铁板的厚度应大于1.5 mm。

7. 配电箱、开关箱中导线的进线口和出线口应设在箱体下底面,严禁设在箱体上顶面、侧面、后面或箱门处。

二、电气设备安装

1. 配电箱内的电器应安装在非金属或木质的绝缘电器安装板上,然后整体紧固在配电箱箱体内,金属板与配电箱体应作电气连接。

2. 配电箱内的电器按规定的位置紧固在安装板上，不得歪斜和松动。电器设备之间的距离、设备与四周的距离应符合有关工艺标准的要求。

3. 配电箱、开关箱内的工作零线应通过接线端子板连接，并且应与保护零线接线端子分设。

4. 配电箱、开关箱内的连接线采用绝缘导线，导线的型号及截面应严格遵照临时用电图纸的规定。各种仪表之间的连接线应使用截面不小于直径2.5 mm绝缘铜芯导线。导线接头不得松动，不得有外露带电部分。

5. 配电箱后面的排线须排列整齐，绑扎成束。盘后引出和引入的导线应留出适当余度，以便检修。

6. 导线剥离处防止损伤线芯，导线压头应牢固可靠，多股导线不应盘圈，压接时，多股线应刷锡后再压接，不得减少导线股数。

7. 电器设备的操作与维修人员必须符合以下要求。

（1）施工现场临时用电的施工维修必须由经过培训后取得上岗证的专业电工完成，初级电工不允许进行中高级作业。

（2）各类用电人员应做到：掌握安全用电的基本知识，熟悉所用设备的性能；使用设备前，必须按规定穿戴和配备好相应的劳动保护用品，并检查电气装置和保护设施是否完好，严禁设备带病运转；停用的设备必须拉闸断电，锁好开关箱；保护所用设备的负荷线，保护零线和开关箱，发现问题及时解决；搬运或移动用电设备时，必须切断电源并在妥善处理后进行。

三、设备使用维修

1. 应对施工现场的所有配电箱、开关箱每月进行一次检查和维修。检修、维修人员必须是专业电工。检修、维修人员工作时必须穿戴好绝缘用品，必须使用电工绝缘工具。

2. 检查、维修配电箱、开关箱时，必须将其前一级相应的电源开关分闸断电，并悬挂停电标志牌，严禁带电作业。

3. 配电箱内盘面上应标明各回路的名称、用途，同时要做出分路标记。

4. 总、分配电箱门应配锁，配电箱和开关箱应指定专人负责。施工现场停止作业一小时以上时，应将动力开关箱上锁。

5. 各种电气箱内不允许放置任何杂物，并应保持清洁。箱内不得挂接其他临时用电设备。

6. 各种电气箱的熔断器的熔体更换时，严禁用不符合规格的熔体代替。

四、用电防火措施

1. 合理正确地选择导线，从理论上杜绝线路超负荷使用，保护装置要认真选择，当路线处于长期超负荷运行时，能在规定的时间内保护线路。

2. 导线架空敷设时其安全距离必须满足规范要求，当配电线路采取熔断的方式做短路保护时，熔体额定电流一定要小于电缆或穿管绝缘导线允许截流量的2.5倍，或明敷绝缘导线允许截流量的1.5倍。经常教育用电人员正确执行安全操作规程，避免作业不当造成火灾。

3. 电气操作人员要认真执行规范，正确接导线，接线柱要压牢、压实。各种开关插头要压牢固。

4. 配电室的耐火等级要大于三级,室内配置砂箱和绝缘灭火器。严格执行变压器的运行度,按季度每年进行四次停电清扫和检查。现场的电动机严禁超载使用,电机周围无易燃物,发现问题及时解决,保证设备正常运转。

5. 施工现场严禁使用电炉。使用碘钨灯时,灯与易燃物的间距要大于30 cm。室内不准使用功率超过100W的灯光。严禁使用床头灯。

6. 使用焊机时要执行用火证制度,并有人监护。施焊处周围不能存放易燃物体,要备齐防火设备。电焊机要放在通风良好的地方。

7. 对施工现场中较大的设备、有可能产生静电的电气设备,要做好防雷接地和防静电措施,以免雷电、静电火花引发火灾。

8. 存放易燃气体、易燃物仓库的照明装置一定要采用防爆型设备,导线敷设,灯具安装,导线与设备连接均应满足有关规范要求。

9. 配电箱、开关箱内严禁存放杂物及易燃物体,并派人员负责定期清扫。

10. 设有消防设施的施工现场,消防泵的电源要由单独从配电箱中引出的专用回路供电,而且次回路不得设置漏电保护器。当电源发生接地故障时,可以设单相接地报警装置,有条件的,次回路供电应由两个电源供电,供电线路应在末端可切换。

11. 建立施工现场防火制度,强化电气防火体制,建立电气防火队。

🏗️ 安全要点

一、施工用电系统

(一)临电系统

适用位置:适用于施工现场临时用电的布设。

具体要求如下。

1. 施工现场临时用电设备在5台及以上或设备总容量在50kW及以上者,应编制用电组织设计方案。

2. 电缆中必须包含全部工作芯线和用作保护零线或保护线的芯线。需要三相四线制配电的电缆线路必须采用五芯电缆。五芯电缆必须包含淡蓝、绿/黄两种颜色绝缘芯线。淡蓝色芯线必须用作N线;绿/黄双色芯线必须用作PE线,严禁混用。

3. 施工现场临时用电应采取TN-S系统,符合"三级配电两级保护",达到"一机一闸一漏一箱"的要求。

4. 电工应持证上岗,安装、巡查、维修或拆除临时用电设备和线路应由电工完成。

5. 施工现场临时用电应编制专项方案,定期检查,并建立安全技术档案。施工用电系统,如图2-2所示。

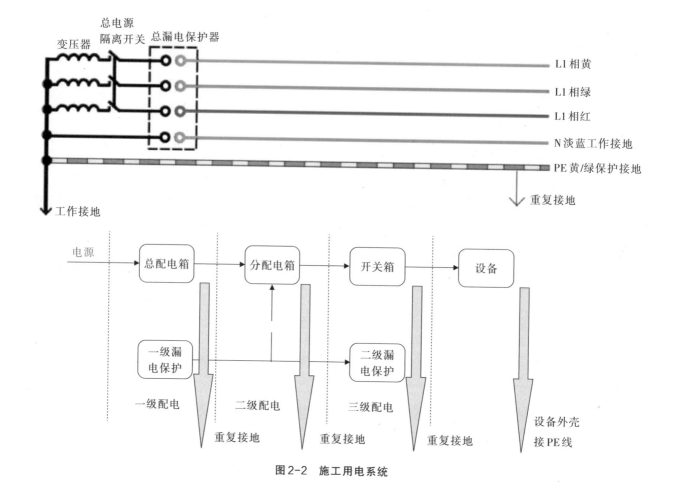

图2-2 施工用电系统

(二)接地防雷

适用位置:适用于施工现场临时用电系统接地防雷的设置。

具体要求如下。

1. 配电系统必须采用同一保护接零接地系统。在TN-S保护接零接地系统中,通过总漏电保护器的工作零线(N)与保护零线(PE)之间不得再做电气连接;PE线上严禁装设开关或熔断器,严禁通过工作电流,且严禁断线;电气设备必须接保护零线(PE);垂直接地体可以是角钢或是钢管或光面圆钢,不得采用螺纹钢。

2. 对于防雷接地机械上的电气设备,所有连接的PE线必须同时做重复接地,同一台机械电气设备的重复接地和机械防雷接地,可共用同一接地体,但是接地电阻应符合重复接地电阻值的要求。在TN接零保护系统中,PE零线应单独敷设。重复接地线必须与PE线相连接,严禁与N线相连接。配电系统,如图2-3所示。

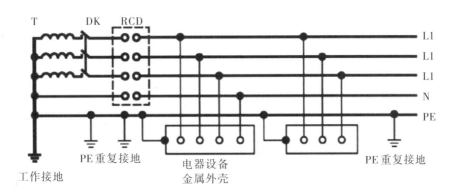

图2-3 配电系统

(三)配电线路

适用位置:适用于施工现场临时配电线路的布设。

具体要求如下。

1. 主电源线路(电缆)必须采用架空或埋地敷设,不得沿地面明敷,穿越建筑物、道路等易受损伤的场所时,应另加防护套管。

2. 在建工程内的电缆线路应采用电缆埋地穿管引入或从建筑物预留孔洞中穿管引入;竖向走线应沿工程竖井、垂直孔洞上下逐层固定,每3—5层设楼层分配电箱,上楼电缆采用瓷瓶固定在墙、柱或梁等结构上。

3. 室内横向电缆应沿墙、柱敷设(高度不低于1.8 m),用绝缘瓷瓶固定;必须沿地面敷设(如地库顶面)的,要用木盒盖严保护且木盒能固定。

4. 地下室、楼梯间照明宜从永久照明线管中布线、装灯,地下室照明用电源线沿墙、柱(或梁底板)布设(电线高度不低于1.8 m),用绝缘瓷瓶固定。若环境潮湿,要采用不大于36 V低压照明。竖向电缆敷设及固定,如图2-4所示。横向电缆敷设和地面电缆保护,如图2-5所示。

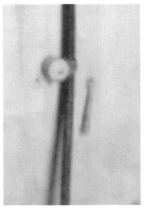

图2-4 竖向电缆敷设及固定

图2-5 横向电缆敷设和地面电缆保护

二、用电防护

(一)外电防护架

适用位置:适用于对外电输电线的安全防护。

具体要求如下。

1. 防护架上端设置小彩旗,夜间施工设置彩灯,使用安全电压。

2. 防护架使用木材等绝缘体材料搭设。外电防护架,如图2-6所示。

图2-6 外电防护架

(二)配电箱防护棚

适用位置:适用于固定式配电箱的安全防护。

具体要求如下。

1. 防护棚主框架采用40方钢焊制,方钢间距按150 mm设置,防护棚高度2400 mm,长宽1500—2000 mm,正面设置栅栏门。

2.防护棚正面悬挂操作规程牌、警示牌、责任人姓名及联系电话,并配置干粉灭火器。

3.防护棚顶部采用双层硬防护,底层为18 mm夹板,上层为彩钢板,并设坡度不小于5°的排水坡。

4.双层硬防护间的防护棚外立面挂蓝底白字的安全宣传标语。

5.防护棚方钢框架涂红白相间油漆。配电箱防护棚,如图2-7所示。

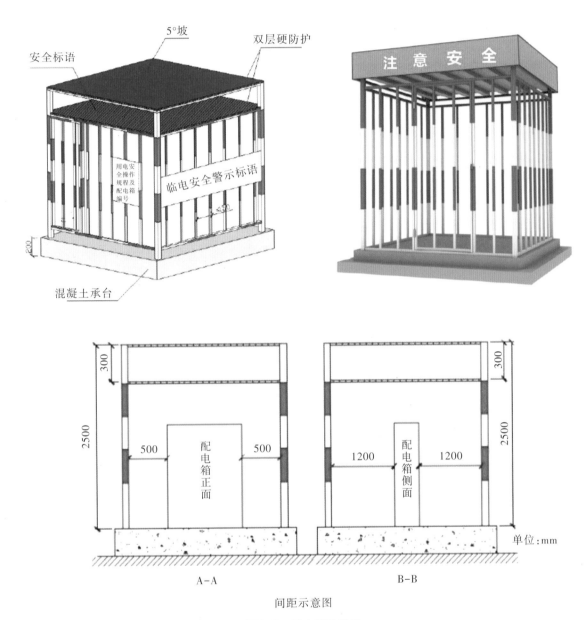

图2-7 配电箱防护棚

三、用电设施

(一)配电室

适用位置:适用于施工现场配电室的设置。

具体要求如下。

1.配电室(图2-8)靠近电源,设置在灰尘少、潮气少、无腐蚀介质及道路通畅的地方。

2. 配电室室内净高大于 3 m,耐火等级不得低于 3 级,室内铺设塑胶绝缘地板,设置正常照明和事故照明。配备砂箱和可用于扑灭电气火灾的灭火器。

3. 配电室门应朝外开,配电室应通风,孔洞用密目铁丝网封堵。配电室外围采用网片式防护围栏进行围护。

4. 配电室设置警示标志,并贴工地供电平面图和系统图。

5. 配电室如在塔吊作业覆盖范围内,应搭设防护棚,做法与现场配电箱防护棚同。

图 2-8　配电室

(二)配电箱、开关箱

适用位置1:适用于施工现场总、分配电箱和开关箱(图2-9)的设置。

具体要求如下。

1. 现场使用的所有配电箱及开关箱应为出厂的定型产品,箱体及内外配件应完好,无明显的腐蚀,符合国家标准和地方要求。

2. 选用的电器元件应有生产许可证和产品合格证。

3. 配电箱、开关箱必须分设 N 线端子板和 PE 线端子板。N 线通过 N 线端子板连接,PE 线通过 PE 线端子板连接。

4. 配电箱门须采用编织软铜线与 PE 线连接。

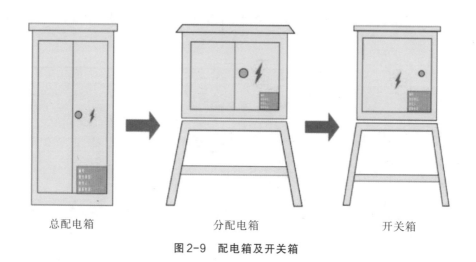

总配电箱　　　　　　　　分配电箱　　　　　　　　开关箱

图 2-9　配电箱及开关箱

5. 配电箱、开关箱进出线口配置固定线卡,进出线加绝缘保护套穿管保护并卡固在箱体上,不与箱体直接接触。

6. 现场严禁使用拖线板、多相插头或无插头裸线。

7. 配电箱周边至少配置一组灭火器材(2只3 kg)。

适用位置2:适用于施工现场总、分配电箱、开关箱的设置。

具体要求如下。

1. 配电箱应注明编号、责任单位、责任人姓名和联系电话,箱内张贴系统接线图、巡检记录。

2. 总配电箱、开关箱应设置漏电保护装置。总配电箱中漏电保护器的额定漏电动作电流 > 30 mA、额定漏电动作时间 > 0.1 s,但其两者乘积不应大于 30 mA·s;开关箱漏电保护器额定漏电动作电流 ≤30 mA、额定漏电动作时间 ≤0.1 s。

3. 配电箱进场后,必须经验收合格后方可使用,箱体正面粘贴验收标牌,明确验收单位、负责人、时间、使用单位。

4. 电箱应上锁管理,钥匙由专人保管。

5. 开关箱要带工业防水防尘插座,箱门上锁,非电工不得操作。配电箱标识牌,如图2-10所示。

图2-10 配电箱标识牌

(三)开关箱与固定设备

适用位置:适用于施工现场开关箱与固定设备间的设置。

具体要求如下。

1. 固定设备的开关箱固定在设备附近。

2. 设备开关箱箱体中心距地面垂直高度为 1.5 m。

3. 设备开关箱与其控制的固定用电设备的水平距离不宜超过 3 m。

4. 连接固定设备的电缆宜埋地,且从地下 0.2 m 至地面以上 1.5 m 处必须加设防护套管,防护套管内径不应小于电缆外径的 1.5 倍。开关箱与固定设备,如图2-11所示。

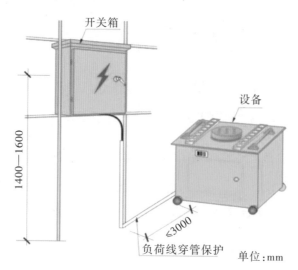

图2-11　开关箱与固定设备

（四）埋地电缆防护指示牌

适用位置：适用于施工现场埋地电缆的防护指示。

具体要求如下。

1. 埋地电缆防护指示由支杆立柱、提示标牌焊接组成。

2. 支杆立柱采用Φ16螺纹钢加工制作，详细尺寸如图2-12所示。

3. 提示标牌由2mm厚钢板制作，标牌涂刷黄色油漆，并用红色字标注闪电标志、电缆线路路径标记及"地下有电缆"字样。

4. 防护指示牌沿路径间隔30m连续设置。

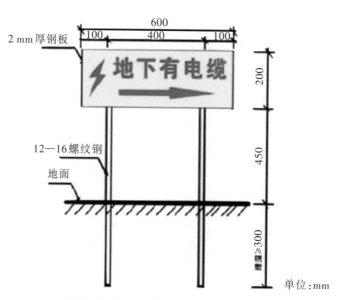

图2-12　埋地电缆防护指示牌详细尺寸

(五)现场照明

适用位置:适用于施工现场照明设施的设置。

具体要求如下。

1. 施工现场严禁私拉乱接,严禁使用碘钨灯作为照明设备。

2. 地下车库、位于地下车库的材料库房、楼梯间、施工电梯楼层安全门位置、安全通道入口等位置设LED灯带,每米灯带不得少于120颗LED灯珠。

3. 室外照明灯具应采用防水型灯具,且能防雨、防砸,临时固定支架底部应固定。

4. 现场设置照明灯架时,应统一灯架标准,并设置灯具检修操作平台、爬梯。

5. 手持式灯具使用36 V以下安全电压,灯泡外部有金属保护网,灯体与手柄绝缘良好。现场照明,如图2-13所示。

图2-13　现场照明

巩固练习

1. 简述施工现场用电防火措施。

2. 施工现场用电如何接地防雷?

3. 施工现场配电线路有哪些安全要点?

4. 简述施工现场用电防护措施。

5. 简述施工现场照明安全要求。

模块三 施工环境

任务1 临边洞口防护

任务要求

1. 了解什么是"三宝、四口、五临边"。
2. 明确临边洞口安全防护的重要性。
3. 掌握临边洞口防护的做法和具体要求。

知识准备

"三宝"指安全帽、安全带、安全网。

"四口"指楼梯口、电梯井口、预留洞口、通道口。

"五临边"指尚未安装栏杆的阳台周边,无外架防护的层面周边,框架工程楼层周边,上下跑道及斜道的两侧边,卸料平台的侧边。

"三宝、四口、五临边"防护的具体做法如下。

现场人员坚持使用"三宝":进入现场的人员必须戴安全帽并系紧帽带,穿胶底鞋,不得穿硬底鞋、高跟鞋、拖鞋或赤脚;高处作业必须系安全带。做好"四口"的防护工作:在楼梯口、电梯井口、预留洞口设置围栏、盖板、架网;正在施工的建筑物出入口和井字架、门式架进出料口,必须搭设符合要求的防护棚,并设置醒目的标志。做好"五临边"的防护工作:在阳台、屋面周边,框架工程楼层周边,跑道、斜道两侧边,卸料平台的外侧边"必须设置1 m以上的双层围栏或搭设安全网。

![安全要点]

一、临边防护

临边洞口是施工现场相对容易出安全事故的地方,因此需要严格按规定将安全防护工作做到位,保证施工安全。网片式防护围栏,如图3-1所示。网片式防护围栏实际效果,如图3-2所示。

适用位置:适用于地面施工区域、楼栋间、材料堆放区、加工区的分隔防护(施工区域隔离防护)。

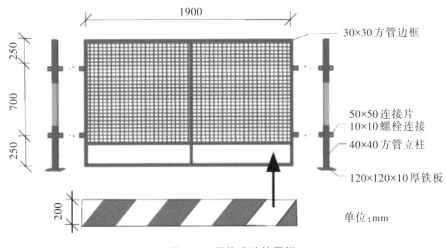

图3-1 网片式防护围栏

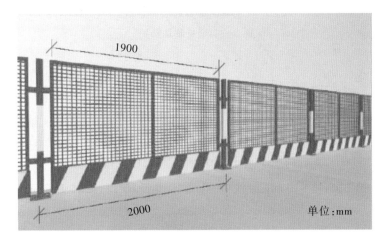

图3-2 网片式防护围栏实际效果

具体要求如下。

1. 网片式防护围栏由立柱、防护栏外框、钢板网、底座踢脚板组成。

2. 立柱采用40 mm×40 mm的方钢,在上下两端250 mm处各焊接50 mm×50 mm×6 mm的钢板,两道连接板采用10 mm螺栓固定连接,与底座焊接牢固。

3. 防护栏外框采用30 mm×30 mm的方钢,每片高1200 mm,宽1900 mm,外框底部加设2 mm厚钢板作为踢脚板,外框中部采用钢板网,钢丝直径为2 mm,网孔边长为20 mm。

4. 底座采用 120 mm×120 mm×10 mm 的铁板,距离四边各 10 mm 处钻 Φ12 mm 孔,用 M10 的膨胀螺栓固定。

5. 立柱和踢脚板表面刷红白相间油漆,钢板网刷红色油漆。

6. 楼栋周边 6 m 范围内要进行分隔,材料堆放区、加工区全部进行定型化隔离防护。

适用位置:适用于楼梯临边防护,如图 3-3 所示。

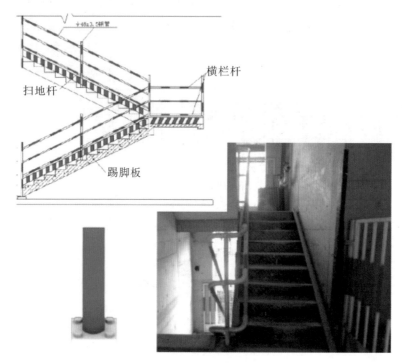

图 3-3 楼梯临边防护

具体要求如下。

1. 楼梯扶手防护栏杆用工具化钢管进行拼装,加设底座踢脚板。

2. 横向防护栏杆及立杆为 Φ48×3.5 mm 钢管。横向防护栏杆布设上、下两道,高度分别为 1200 mm、600 mm。立杆高度为 1300 mm,立杆间距不大于 2000 mm,与底座焊接牢固。

3. 底座采用 120 mm×120 mm×10 mm 的铁板,距离四边各 10 mm 处钻 Φ12 mm 孔,用 M10 的膨胀螺栓固定。

4. 踢脚板采用 2 mm 厚钢板制作,高度为 200 mm。

5. 防护栏杆、立杆、踢脚板表面刷红白相间油漆。

二、洞口防护

(一)预留洞口防护

抽拉式洞口盖板防护

适用位置:适用于边长小于等于 500 mm 的预留洞口防护。如图 3-4 所示。

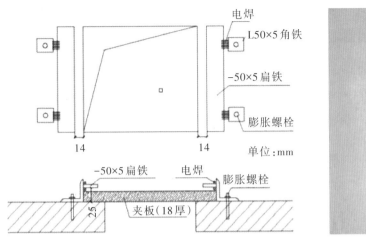

图3-4 抽拉式洞口盖板防护

具体要求如下。

1. 盖板由夹板、角铁、通长扁铁组成。

2. 盖板为18 mm厚夹板,尺寸为洞口尺寸+200 mm,每边伸出洞口边缘各100 mm。

3. 洞口四角设置4个50 mm×5 mm角铁,用M10膨胀螺栓固定。通长扁铁焊接在角铁上,距地面25 mm,盖板能够正常抽拉。

4. 盖板表面刷黄黑色相间警示漆。

围栏防护

适用位置:适用于边长大于500 mm的预留洞口防护。如图3-5所示。

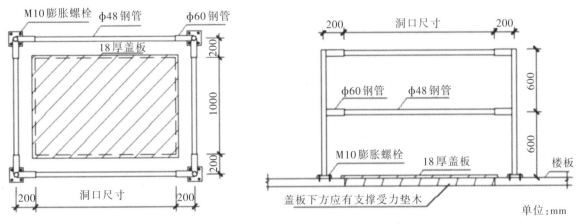

图3-5 预留洞口防护

具体要求如下。

1. 盖板由夹板、防护栏杆、安全网、踢脚板组成。

2. 盖板为18 mm厚夹板,尺寸为洞口尺寸+200 mm,每边伸出洞口边缘各100 mm。

3. 防护栏杆设上下双道栏杆,高度分别为1200 mm,600 mm,立杆与底座焊接。

4. 底座采用120 mm×120 mm×10 mm的铁板,距离四边各10 mm处钻Φ12 mm孔,用M10的膨胀螺栓固定。

5. 踢脚板采用 2 mm 厚的钢板制作,高度为 200 mm。

6. 防护栏杆刷红白色相间油漆,盖板表面刷黄黑色相间警示漆,防护栏杆四周用密目式安全网进行全封闭。

桩(井)口防护

适用位置:适用于施工现场桩(井)口的防护,如图 3-6 所示。

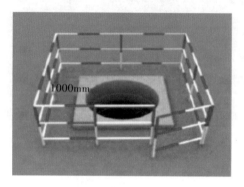

开挖阶段

盖板用钢筋制作,并加以固定

成孔后成形浇筑后

图 3-6   桩(井)口防护

具体要求如下。

1. 桩(井)开挖深度超过 2 m 时,应搭设临边防护。

2. 桩(井)口成孔或浇筑砼之后设置钢筋盖板进行覆盖,并加以固定。

竖向洞口防护

适用位置:适用于窗台竖向洞口的防护,如图 3-7 所示。

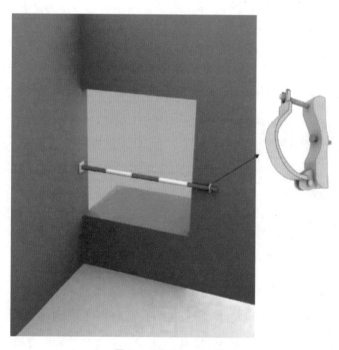

图 3-7   竖向洞口防护

具体要求如下。

1. 对于竖向洞口高度低于800 mm的临边应采用Φ48钢管作为横杆进行防护,其一端采用专用连接件(半个旋转扣件)与墙体进行固定,横杆另一端与底座焊接,底座为120 mm×120 mm×10 mm的钢板,在距离四边各10 mm处钻Φ12 mm的孔,用M10的膨胀螺栓与墙体固定。

2. 防护采用一道栏杆形式,栏杆离地1200 mm。

3. 钢管表面涂刷红白相间警示漆,并张挂"当心坠落"安全标志牌。

电梯井口防护

适用位置:适用于楼层内电梯井洞口的防护,如图3-8所示。

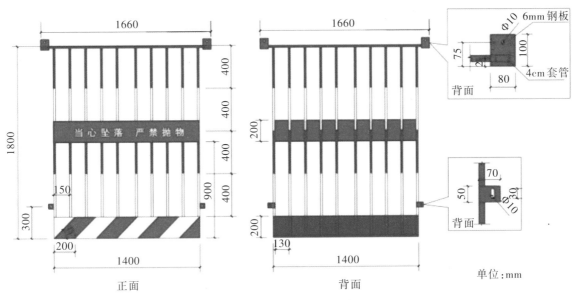

图3-8 电梯井口的防护

具体要求如下。

1. 电梯井防护门由防护栅栏、耳板、踢脚板组成。

2. 防护栏杆高度为1800 mm,宽度根据电梯井口尺寸确定,保证井口宽度能够全部封闭。

3. 电梯井防护门外框采用30 mm×30 mm×3 mm的方钢管,内框采用20 mm×20 mm×2 mm的方钢管,按间距150 mm布设,防护门底部安装200 mm高踢脚板,下方耳板为50 mm×70 mm×3 mm的钢板,距地面300 mm。

4. 上耳板为100 mm×80 mm×6 mm的钢板,用M10膨胀螺栓固定。防护门正中心焊接200 mm高、1 m厚钢板,保证钢板与每一根立杆焊接牢固,中间钢板喷涂"当心坠落 严禁抛物"字样。

5. 防护门、踢脚板表面刷红白相间油漆。

(二)后浇带防护

适用位置:适用于后浇带处临时防护,如图3-9所示。

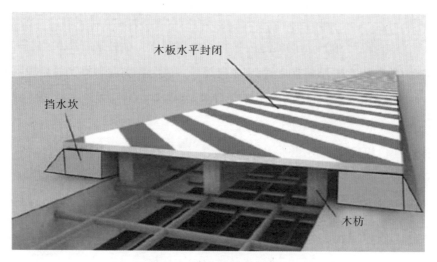

图 3-9 后浇带处临时防护

具体要求如下。

1. 后浇带防护由盖板、木枋、挡水坎组成。

2. 盖板由 18 mm 夹板制成,两侧伸出浇带边缘各 100 mm,表面刷红白色相间油漆。

3. 木枋规格 50 mm×100 mm,中间布置一道,后浇带两侧紧贴混凝土侧面各布置一道,木枋与夹板用钉子固定牢固。

4. 防护两侧设挡水坎,用水泥砂浆抹成三角形。

(三)通道口防护

适用位置:适用于主出入口、建筑楼层出入口处的安全防护。安全通道,如图 3-10 所示。

图 3-10 安全通道

具体要求如下。

1. 安全通道定型化制作，由立柱、桁架、基础、顶棚组成。

2. 通道口尺寸为 6000 mm×3500 mm×4500 mm（具体尺寸根据现场实际情况确定，建筑物高度超过 24 m 时，通道长度不得小于 6000 mm），立柱及桁架主梁采用 150 mm×150 mm 的方钢制作，桁架连杆用 50 mm×150 mm 方钢，立柱基础为 300 mm×300 mm×12 mm 的钢板，用膨胀螺栓将其固定在混凝土地面上。

3. 通道顶部双层防护（一层钢笆片、一层木工板铺设密实），防护间距为 600 mm，通道两侧及顶部四周采用模板封闭，挂设安全警示标识，顶部标语横幅长度为 1 m。

巩固练习

1. 请问什么是"三宝、四口、五临边"？

2. 临边防护有哪几种方式？分别适用哪些情况？它们的优缺点分别有哪些？

3. 请问预留洞口防护中，围栏防护的具体要求有哪些？这样做的优点是什么？

任务2　基坑工程

任务要求

1. 了解什么是基坑支护。
2. 明确基坑工程安全防护的重要性。
3. 掌握现场基坑工程安全管理的具体要求。
4. 掌握基坑防护做法和具体要求。

知识准备

一、基坑工程

基坑支护工程是建筑施工中不可或缺的一种施工方法,它包括地下连续墙、排桩支护、重力式挡土结构、喷锚支护结构和组合式支护结构等形式,其施工过程极易发生坍塌伤亡事故。我国建设部《建筑工程预防坍塌事故若干规定》中明确指出,基坑支护是多发事故专项治理的主要内容之一,应制定预防坍塌事故的安全技术措施,做好施工组织,确保安全。《建筑施工安全检查标准》(JGJ 59—2011)也明确规定基坑支护工程必须编制施工组织设计,否则该项为"零分项"。因此,进一步加强基坑支护工程技术安全措施至关重要。

基坑坍塌的常见原因如下。

(一)坑壁的形式选用不合理

基础施工时,坑壁的形式主要有两种:一是坡率法,即自然放坡;二是支护结构。实践证明,基坑坑壁的形式选用直接影响基坑的安全性。若选用不当,会为基坑施工埋下隐患。施工单位在进行施工组织设计时,过多考虑节省投资和缩短工期,忽视对坑壁形式的正确选用,从而出现坑壁形式选用不当的情况。

在大多数工程中,由于采用坡率法比采用支护结构节省投资,因此,坡率法常被施工单位作为基坑施工的首选形式。坡率法只在工程条件许可时才能采用,如果施工场地有限,不能满足规范所要求的坡率或者地下水丰富、土质稳定性差,一般不能考虑坡率法。否则,容易出现隐患,造成坑壁坍塌。当不具备采用坡率法的条件时,应对基坑采用支护措施。比如成都地区常用的支护结构有土钉墙支护、喷锚支护、混凝土灌注支护等。施工前,应根据工程所处周边环境、地质水文条件以及工程施工工艺要求对支护形式进行合理选择、设计,若为节省资金仅凭经验确定支护形式,很可能达不到支护的目的,同样容易出现坑壁坍塌的情况,引发安全事故。因此,对这种坑壁,采用混凝土灌注桩效果更为理想,安全性更高。

（二）基坑施工不规范

在基坑施工中,一些施工单位不重视施工管理,随意更改施工设计,违反技术规范要求也是基坑施工隐患增多、坑壁坍塌的主要原因。

主要表现在:一是采用坡率法时坡率值不足。当工程条件许可时,基坑施工一般采用坡率法。采用坡率法必须严格按照技术规范的要求搞好基坑施工的坡率控制。然而,在实际工作中施工单位常常因为土方开挖时坡率控制不好或地勘资料不准确,使开挖深度大于预计深度,出现基坑坑壁坡率小于设计值的情况,基坑坑壁处于不稳定的状态时,最容易出现坑壁坍塌的情况。

二是支护结构施工时未按要求进行土方开挖。在进行土钉墙支护或喷锚支护结构施工时,按照规范要求,应根据土钉或锚杆的排距分层开挖,开挖一层土方后立即进行支护,待支护结构达到设计要求后再开挖下一层土方。但现场施工时,常因土方开挖作业与护壁施工往往不能紧密配合,土方挖运速度过快,使坑壁直立土方大面积长时间裸露,为坑壁坍塌创造了条件。

（三）对地表水的处理不重视

基坑施工的"水患":一是地下水,二是地表水。由于地下水处理不好将直接影响基础工程的施工,并对基础坑坑壁的稳定性造成威胁,因此建筑工程相关各方都对地下水的处理非常重视,从勘察、设计和资金投入等方面均能得到保证。比如成都地区普遍采用管井降水,降水效果良好,有效地消除了地下水对基坑坑壁的不良影响。另外,地表水对基坑坑壁稳定性的影响同样很大。地表水可分为"一明一暗"两种情况:"明"主要是指施工现场内地面可能出现的地表水,如雨水、施工用水、从降水井中抽出的地下水等;"暗"主要是指基坑周边地面以下的管网渗漏、爆管等产生的地表水。这两种情况若不及时处理都会对坑壁的稳定性产生威胁,有可能造成坑壁坍塌,特别是地下管网产生的地表水,因其不易被发现,造成的后果往往更为严重。

（四）支护结构施工质量不符合设计要求

基坑支护是建筑施工过程中的一项临时措施,目前许多施工单位对其施工质量不够重视,护壁施工单位的施工行为没有得到有效约束,不按设计方案施工的现象时有发生,造成支护结构的施工质量达不到设计要求,存在坑壁坍塌隐患。

二、基坑坍塌的预防措施

（一）选择合适的基坑坑壁形式

基坑施工前,首先应按照规范的要求,依据基坑坑壁破坏后可能造成的后果的严重性确定基坑坑壁的等级,然后根据坑壁安全等级、基坑周边环境、开挖深度、工程地质与水文地质、施工作业设备和施工季节的条件等因素选择坑壁的形式。

当基坑顶部无重要建(构)筑物,场地有放坡条件且基坑深度≤10 m时,可以优先采用坡率法。采用坡率法时,关键是要确定正确的坡率允许值。一般坑壁的坡率允许值可按工程类比的原则,并结合已有稳定边坡的坡率值分析确定。当施工场地不能满足设计坡率值的要求时,应对坑壁采取支护措施。选择支护结构,首先要确定基坑坑壁的安全等级。按照规范的要求,坑壁的安全等级按其损坏后可能造成的破坏后果的严重性、坑壁类型和基坑深度等因素,确定为一、二、三级。坑壁安全等级一、二级适合采用挖孔灌注桩护壁,坑壁安全等级二、三级适合采用土钉墙护壁。

（二）加强对土方开挖的监控

基坑土方一般采用机械挖法,开挖前,应根据基坑坑壁形式、降排水要求等制订开挖方案,并对机械操作人员进行交底。开挖时,应有技术人员在场,对开挖深度、坑壁坡度进行监控,防止超挖。对采用土钉墙支护的基坑,土方开挖深度应严格控制,不得在上一段土钉墙护壁施工完毕前开挖下一段土方。软土基坑必须分层均衡开挖,层高不宜超过1 m。对采用自然放坡的基坑,坑壁坡度过陡,这是监控的重点,当出现基坑实际深度大于设计深度时,应及时调整坑顶开挖线,保证坑壁坡率满足要求。

（三）加强对支护结构施工质量的监督

建立健全施工企业内部支护结构施工质量检验制度,是保证支护结构施工质量的重要手段。质量检验的对象包括支护结构所用材料和支护结构本身。对支护结构原材料及半成品应遵照有关施工验收标准进行检验,主要内容有:(1)材料出厂合格证检查;(2)材料现场抽检;(3)锚杆浆体和混凝土的配合比试验,强度等级检验。对支护结构本身的检验要根据支护结构的形式选择,如土钉墙应对土钉采用抗拉试验检测承载力,对混凝土灌注应检测桩身完整性等。

安全要点

一、现场基坑工程的安全管理

适用位置:适用于现场基坑工程的安全管理。基坑支护,如图3-11所示。

图3-11 基坑支护

具体要求如下。

1. 基坑工程施工要编制专项施工方案,开挖深度超过3 m或虽未超过3 m但地质条件和周边环境复杂的基坑在土方开挖、支护、做降水工程时,要单独编制专项施工方案;开挖深度超过5 m的基坑在土方开挖、支护、做降水工程时或开挖深度虽未超过5 m但地质条件、周围环境复杂的基坑在土方开挖、支护、做降水工程时应编制专项施工方案,并应组织专家论证。

2. 专项施工方案应按规定进行审查批准。

3. 开挖深度超过2 m的基坑周边必须安装防护栏杆。

4. 施工机械与基坑边缘安全距离要符合设计要求。

5. 基坑工程要编制应急预案。

6. 基坑边缘周围地面应设排水沟,放坡开挖时,应对坡顶、坡面、坡脚采取降排水措施,临时边坡放坡应符合方案要求。

7. 基坑底四周应按专项施工方案设排水沟和集水井,及时检查现场的排水系统,做好基坑周围地表水及基坑内积水的排泄和疏导,防止基坑暴露时间过长或被雨水浸泡。

8. 基坑边堆置土方、材料、机械等荷载应符合基坑支护设计要求,当设计无特殊要求时应大于1.5 m。

9. 降水井口应设置防护盖板或围栏,并应设置醒目的警示标志。

二、基坑通道口防护

适用位置:适用于主出入口、建筑楼层出入口处的安全防护。基坑通道口防护,如图3-12所示。

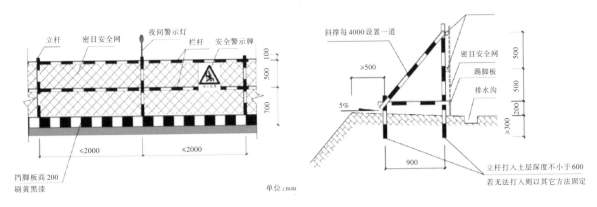

基坑临边防护立面图   基坑临边防护剖面图

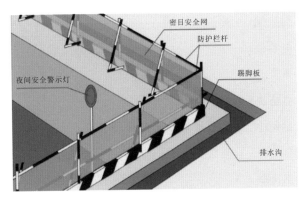

图3-12 基坑通道口防护

具体要求如下。

1. 安全通道定型化制作,由立柱、桁架、基础、顶棚组成。

2. 通道口尺寸为6000 mm×3500 mm×4500 mm(具体尺寸根据现场实际情况确定,建筑物高度超过24 m时,通道长度不得小于6000 mm),立柱及桁架主梁采用150 mm×150 mm的方钢制作,桁架连杆用50 mm×150 mm的方钢,立柱基础为300 mm×300 mm×12 mm的钢板,并用膨胀螺栓将其固定在混凝土地面上。

3. 通道顶部双层防护(一层钢笆片、一层木工板铺设密实),防护间距为600 mm,通道两侧及顶部四周用模板封闭,挂设安全警示标识,顶部标语宽度为1 m。

适用位置:适用于主出入口、基坑建筑楼层出入口处的安全防护,如图3-13所示。

图3-13 基坑楼层出入口安全防护

具体要求如下。

1. 基坑内应设置供施工人员上下的专用通道。

2. 通道由Φ48脚手管、脚手板、踢脚板组成。

3. 基坑内搭设上下人行通道,通道宽度为1 m,坡度在30°左右,两侧设扶手栏,上杆距地面高度应为1200 m,下杆600 m,设200 mm挡脚板,防护栏杆立杆间距小于2 m。

4. 通道满铺厚50 mm、宽200 mm木脚手板,每间隔300 mm设置20—30 mm防滑条。

5. 通道在塔吊作业半径范围内或在楼层临边坠落半径范围内的,必须设置双层隔离防护棚。

巩固练习

1. 什么是基坑支护?

2. 基坑坍塌的常见原因有哪些? 可以采取哪些措施来避免?

3. 现场基坑工程安全管理具体要求有哪些?

任务3 脚手架工程

 **任务要求**

1. 了解什么是脚手架。

2. 明确脚手架工程安全防护的重要性。

3. 掌握现场脚手架工程安全管理具体要求。

4. 掌握脚手架防护做法和具体要求。

 **知识准备**

脚手架是为了保证施工顺利进行而搭设的工作平台。按搭设的位置不同可分为外脚手架、里脚手架；按材料不同分为木脚手架、竹脚手架、钢管脚手架；按构造形式分为立杆式脚手架、桥式脚手架、门式脚手架、悬吊式脚手架、挂式脚手架、挑式脚手架、爬式脚手架等。

现场脚手架工程的安全管理有以下要求。

1. 脚手架搭设应编制专项施工方案，结构设计应进行计算，并按规定进行审核、审批。

2. 脚手架工程属于超一定规模的危险性较大分部分项工程的，专项施工方案应组织专家论证。

3. 脚手架的搭设和拆除作业应由专业架子工担任，搭拆人员必须取得住建部门颁布的建筑施工特种作业操作资格证。

4. 脚手架搭拆前要进行安全技术交底，签字并留有文字记录。脚手架安拆阶段架子工（特种作业）与辅助工安全技术交底分开设置。对于辅助工、无特殊工种作业证的人员，技术交底中要有"不能上外架作业"的条款。

5. 脚手板必须采用钢笆片，并绑扎牢固。钢笆片边缘离建筑外墙的距离不应大于150 mm；外架立杆距

离建筑外墙不应大于300 mm,否则应设置防护栏杆。

6. 钢管、扣件等材料必须符合国家标准,材料进场必须进行验收。

7. 脚手架搭设完毕后要进行验收,并挂验收牌。分段搭设、分段使用时要分段进行验收。

8. 脚手架的搭设场地应平整、坚实,场地排水应顺畅,不应有积水。脚手架附着的建筑结构处的混凝土强度应满足安全承载要求。

9. 现场拆模或拆脚手架时,必须设置警示牌及安全操作受控牌。

安全要点

一、脚手架基础

适用位置:适用于施工现场脚手架基础的搭设。如图3-14所示。

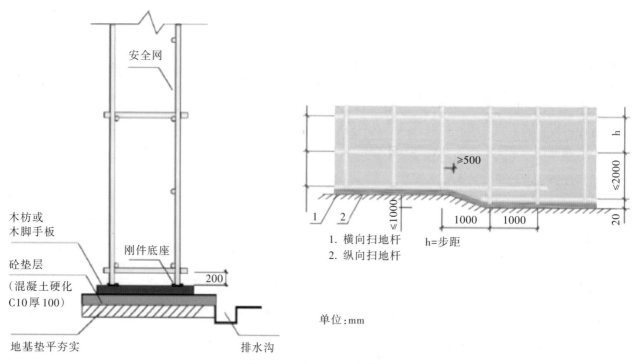

图3-14 脚手架基础的搭设

具体要求如下。

1. 脚手架立杆基础应按方案要求平整、硬化,并应采取排水措施。

2. 立杆垫板采用厚50 mm、宽200 mm的木垫板。

3. 在距立杆底端高度不大于200 mm处设置纵、横向扫地杆,横向扫地杆要在纵向扫地杆下方。

4. 脚手架立杆基础不在同一标高时,须将高处的纵向扫地杆向低处延伸2跨与立杆固定,高低差必须小于1 m。靠边坡上方的立杆到边坡距离要小于500 mm。

适用位置:适用于施工现场脚手架基础的搭设。

具体要求如下。

1. 剪刀撑的宽度应不小于4跨,且不应小于6000 mm,斜杆与地面的倾角应在45°—60°之间。

2. 剪刀撑斜杆的搭接长度不应小于1000 mm,并应采用不少于2个旋转扣件固定,端部扣件盖板的边缘至杆端距离不应小于100 mm。

3. 24 m以上的双排脚手架,剪刀撑应在外立面连续设置,从底到顶,各道剪力撑之间的净距离不应大于15 m。如图3-15所示。

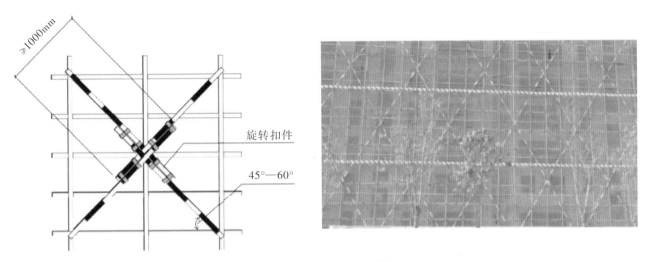

图3-15 脚手架剪刀撑

二、连墙件

适用位置:适用于脚手架与建筑结构连接处。连墙件,如图3-16所示。

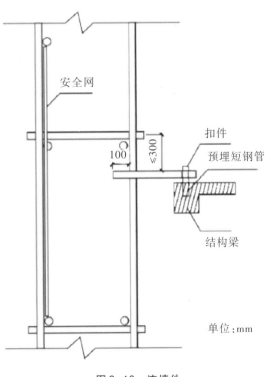

图3-16 连墙件

具体要求如下。

1. 高度24 m以上的双排脚手架,应采用刚性连墙件与建筑物连接。

2. 连墙件应靠近主节点设置,偏离主节点的距离不应大于300 mm,应从底层第一步纵向水平杆处开始设置。

3. 连墙件的垂直间距不大于建筑物的层高且不大于4 m,水平间距不大于6 m。

三、脚手架外立面防护

适用位置:适用于扣件式钢管脚手架外立面的防护设置。如图3-17所示。

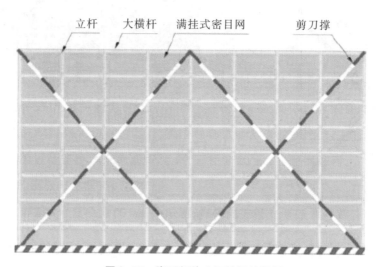

图3-17　脚手架外立面的防护设置

具体要求如下。

1. 脚手架的钢管应横平竖直。

2. 架体外侧满挂阻燃型密目网,网目密度每100cm²不应低于800目。

3. 主节点处必须设置一道横向水平杆,用直角扣件扣接且严禁拆除。

4. 脚手架外排立杆表面刷黄色油漆,每隔一组剪刀撑设置一道180 mm的踢脚板,固定在立杆外侧,踢脚板表面刷红白警示色油漆。

四、脚手架作业层的水平防护

适用位置:适用于脚手架作业层的水平防护。如图3-18所示。

具体要求如下。

1. 施工作业层满铺钢笆片,下部设水平安全网。

2. 脚手架应满铺钢笆片,并绑扎牢固,钢笆片边缘离建筑外墙的距离不应大于150 mm;外架立杆距离建筑外墙的距离不应大于300 mm,否则应设置防护栏杆。

3. 每层应设置一道水平兜网,每三层设置一道硬防护。

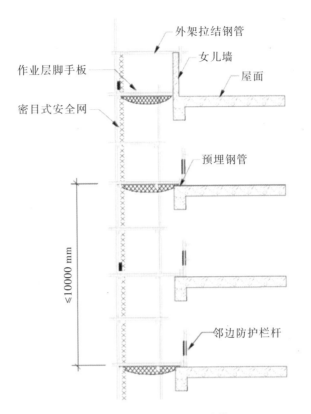

图 3-18　作业层的水平防护

五、悬挑式脚手架

适用位置 1：适用于悬挑式脚手架的搭设，如图 3-19 所示。

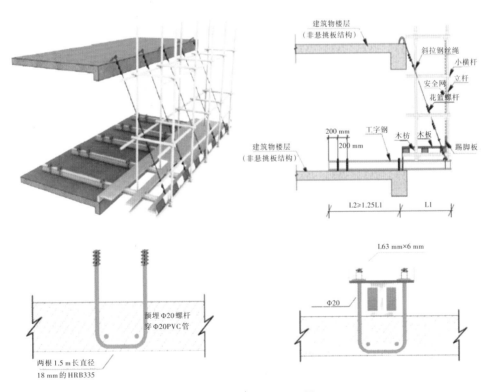

图 3-19　悬挑式脚手架的搭设

具体要求如下。

1. 悬挑脚手架的悬挑梁必须选用16#以上的工字钢,悬挑梁的锚固端应大于悬挑端长度的1.25倍。

2. 悬挑端保险绳直径不小于Φ16 mm。预埋的U型螺杆、吊环选用一级钢,直径不小于Φ20 mm。

3. 工字钢、锚固螺杆、斜拉钢丝绳具体规格、型号依据方案计算书确定。

4. U形钢筋拉环或螺栓应采用冷弯成型,U形钢筋拉环锚固螺栓与型钢间隙应用钢楔或硬木楔楔紧。

适用位置2:适用于悬挑式脚手架的搭设,如图3-20所示。

图3-20　悬挑式脚手架的搭设实际效果

具体要求如下。

1. 脚手架底部按规范要求沿纵横方向设置扫地杆,悬挑梁上表面加焊钢筋以固定立杆,在横杆上方沿脚手架长度方向铺设木枋,满铺模板进行防护。

2. 脚手架底部立杆内侧设置高度为200 mm的挡脚板,挑架底部满铺脚手板,脚手板下方挂设大眼安全网,第一道挑架底部采用竹胶合板对底部进行全封闭包边,保证挑架内排立杆与外墙面间实现全封闭,刷黄黑色警示漆。

3. 架体作业层脚手板下用安全平网兜底,以下每隔10 m采用安全平网封闭。

六、附着升降式脚手架

适用位置:适用于现场使用的附着升降式脚手架,如图3-21所示。

具体要求如下。

1. 每次升降前,应对安全装置、保险设施、提升系统等进行全面检查,合格后方可升降。

2. 每次升降完成后,应进行验收,挂验收合格牌后方可使用。架体底部必须使用不小于3.5 mm厚的钢板封闭。

3. 在架体底部、卸料平台作业时,必须佩带安全绳(带)。

4. 禁止使用TS-01型、ML-01型等老款钢管式附着脚手架。

底部封闭防护图

防坠装置示意图

同步控制装置示意图

图3-21 附着升降式脚手架

七、门式脚手架

适用位置：适用于现场使用的门式脚手架，如图3-22所示。

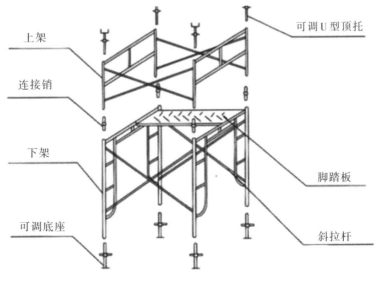

图3-22 门式脚手架

具体要求如下。

1. 门式脚手架作业层应连续满铺与门架配套的挂扣式脚手板,并有防止脚手板松动和脱落的措施。操作层设置防护栏杆,设置支撑以保持架体稳定。

2. 不同型号的门架和配件严禁混合使用。

3. 上下脚手架的斜梯采用挂扣式钢梯,宜采用"之"字形设置,钢梯与门架挂扣牢固。钢梯设栏杆扶手和踢脚板。

八、脚手架上下斜道

适用位置:适用于外脚手架上下通道的搭设,如图 3-23 所示。

图 3-23 脚手架上下通道的搭设

具体要求如下。

1. 通道由 Φ48 mm 脚手管、脚手板、踢脚板组成。

2. 脚手架高度在 6 m 以下的通道采用一字斜道,高度大于 6m 的通道采用之字斜道。

3. 斜道两侧设置上下两根防护栏杆和踢脚板,上栏杆高度 1200 mm,下栏杆高度 600 mm,踢脚板高度 180mm。

4. 斜道满铺厚 50 mm、宽 200 mm 的木脚手板,每间隔 300 mm 设置 20—30 mm 防滑条。

5. 斜道防护栏杆及踢脚板刷红白相间油漆。

九、脚手架拆除安全生命线

适用位置:适用于脚手架拆除作业面人员的安全防护,如图 3-24 所示。

图3-24 脚手架拆除作业人员的安全防护

具体要求如下。

1. 安全生命线与建筑结构牢固固定,拆除作业人员将安全带挂设在安全生命线上。

2. 脚手架拆除阶段设置竖向安全绳,安全绳与屋面结构牢固固定,在操作层使用安全锁与水平安全绳连接脚手架拆除人员,将安全带挂设在安全锁部位。

3. 脚手架搭设阶段顶层设置水平安全母绳。

十、脚手架防坠落网

适用位置:适用于脚手架防坠落网的设置,如图3-25所示。

图3-25 防坠落网的设置

具体要求如下。

脚手架垂直高度3—4 m左右位置须设置防坠落设施,外侧安全网铺设必须拉紧,安全网固定绳必须环绕绑扎固定于可靠处(必须能够承受2包共100 kg的水泥从高处坠落的冲击力),在外架拆除完成后才能拆除。

十一、移动式操作平台

适用位置:适用于施工现场移动式操作平台的使用,如图3-26所示。

图3-26 移动式操作平台

具体要求如下。

1. 移动式操作平台的面积不超过10 m²,高度不超过5 m,高宽比不大于3:1。

2. 移动式操作平台的轮子与平台架体连接牢固,立柱底端离地面不超过80 mm,行走轮和导向轮配有制动器或刹车闸等固定措施。

3. 操作平台移动时,平台上不得站人。

4. 采用一步门架作为移动平台现场使用时,须满铺脚手板,高度不超过2 m。

5. 移动作业平台采用门架式脚手架时按使用要求进行组装,操作平台四周按临边作业要求设置防护栏杆,防护栏杆高度不小于1200 mm,并布设登高扶梯。

6. 操作平台搭设完成后要办理验收手续,挂验收牌。作业人员必须穿防滑鞋,佩戴安全帽,系安全带。

十二、梯子

适用位置:适用于施工现场梯子及马凳的使用。如图3-27所示。

单梯

折梯(人字梯)

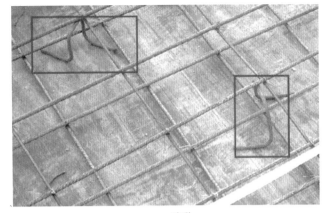

马凳

图3-27　梯子和马凳的使用

具体要求如下。

1. 进场使用的梯子、马凳必须是由正规厂家生产的成品梯子,具备合格证。施工现场严禁使用各类自制梯子、马凳。

2. 单梯、折梯高度不超过3 m(成品采购抽拉梯、铁梯不限高度但必须有稳定措施);折梯使用时上部夹角宜为35°—45°,并有可靠拉撑装置。

3. 梯脚底部严禁垫高使用。单梯需要接长使用时,要有可靠的连接措施,接头不超过1处,连接后梯梁的强度不低于单梯梯梁的强度。单梯使用时与水平面成75°夹角,踏步不得缺失,间距为300 mm。

4. 脚手架操作层上不得使用梯子进行作业。

5. 不得两人同时在梯子上进行作业。

巩固练习

1. 请问什么是脚手架防坠落网? 安装要求有哪些?

2. 脚手架上下斜道的防护有哪些要求?

3. 什么是脚手架安全生命线? 它的作用是什么?

模块四 施工机械与机具

任务1 施工升降机

 **任务要求**

一、安全事故实例

2012年9月13日13时10分,"东湖景园"项目部C区7-1号楼的外墙粉刷工周某、明某等14人,与电梯安装人员孙某、蒋某等5人,共计19人,在施工升降机操作人员不在场的情况下,乘坐一台SCD200/200型施工升降机上工。升降机在上升过程中突然失控,直冲到34层顶层(距地面100 m)后,钢绳断裂,失去钢绳约束的升降机自由落体直坠地面。现场目击者讲述,当升降机下坠至十几层时,先后有6人从梯笼中被甩出,其中2人为女性,随即整个梯笼坠向地面。施工升降机事故现场,如图4-1所示。

图4-1 施工升降机事故现场

（一）直接原因

（1）施工升降机导轨两个标准节连接处的4个连接螺栓中右侧2个受力螺栓的螺母脱落，无法受力，造成吊笼倾翻。

（2）升降机安全防护装置损坏。升降机的围栏的登机门异常，升降机在坠落十几层时先后有6人被甩出升降机；升降机的上限位未能正常工作，升降机在上升过程中突然失控直冲到最顶层；防坠安全器未能正常工作，钢绳断裂后升降机自由落体直坠地面。

（3）作业工人无证操作。乘坐升降机人员并非专业操作人员，自行操作升降机。

（4）人员超载。升降机登机牌上标注了该升降机的核定人数是12人，而事实上却承载了19人。

（二）间接原因

（1）升降机超限期使用。该升降机有效使用期限为"2011年6月23日至2012年6月23日"，事发时已超限两个多月。

（2）项目部未按照大型施工机械设备管理规章制度进行施工现场大型机械及设备的定期检查与保养检修工作。

（3）公司及项目部对现场作业人员的三级安全教育的培训也没有做到位，导致作业人员安全意识淡薄，认识不到危险源的所在。

（4）现场安全管理混乱，对现场安全巡查力度不够，未能及时发现危险源，未能提前采取有效措施避免事故的发生。

（5）现场监理不到位。武汉××监理公司工程监理组没有对施工电梯严格把关，没有监督建设的具体实施，对现场使用超出使用有效期的电梯未采取相应措施，导致工人在存在重大事故隐患的升降机上进行日常作业。

（6）施工升降机加节未依照《武汉市建筑起重机械备案登记与监督管理实施办法》进行申报和验收，擅自使用；购买并使用伪造的施工升降机"建筑施工特种作业操作资格证"。

（7）建筑管理单位对该建筑工程执法监督和监察指导不力，建设管理部门对监理公司的监督管理不到位。

知识准备

施工升降机是一种可分层输送各种建筑材料和施工人员的客货两用电梯，因施工升降机的导轨井架附着于建筑物的外侧，又称外用电梯。施工升降机采用齿轮齿条啮合方式或采用钢丝绳提升方式，使吊笼做垂直或倾斜运动。施工升降机，如图4-2所示。

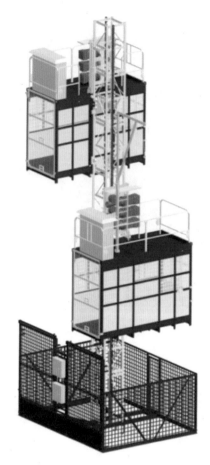

图4-2 施工升降机

施工升降机按驱动方式分为齿轮齿条驱动、卷扬机钢丝绳驱动和混合型驱动三种类型。混合型多用于双吊笼升降机,一个吊笼由齿轮齿条驱动,另一个吊笼由卷扬机钢丝绳驱动。

施工升降机的型号由类组、型式、特性、主要参数和变型代号组成,如图4-3所示。

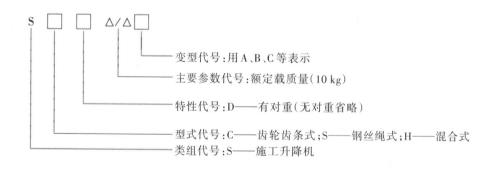

图4-3 施工升降机的型号

标记示例:SC6000——单吊笼额定载质量为6000 kg的齿轮齿条式施工升降机;

SCD200/200——双吊笼、有对重、额定载质量为2000 kg的齿轮齿条式施工升降机。

一、施工升降机的基本构造

目前,施工升降机主要采用齿轮齿条传动方式,驱动装置的齿轮与导轨架上的齿条相啮合。当控制驱动电机正反转,吊笼就会沿着导轨上下移动。同时装有多级安全装置,安全可靠性好,可以客货两用。

SCD200/200施工升降机,采用笼内双驱动的齿轮齿条传动,双吊笼,在导轨的两侧各装一个吊笼,有对重。每个吊笼内有各自的驱动装置,并可独立地上下移动,从而提高了运送客货的能力。由于附臂式升降机既可载货,又可载人,因而,设置了多级安全装置。每个吊笼额定载重2000 kg,最大起升速度35—40 m/min,最大架设高度200 m。

SCD200/200施工升降机主要由天轮装置、顶升套架、对重机构、吊笼、电气控制系统、驱动装置、限速器、导轨架、吊杆、底笼、附墙架和安全装置等组成。SCD200/200施工升降机的构造,如图4-4所示。

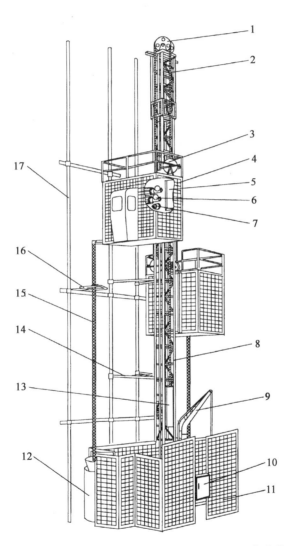

1. 天轮装置　2. 顶升套架　3. 对重绳轮　4. 吊笼　5. 电气控制系统
6. 驱动装置　7. 限速器　8. 导轨架　9. 吊杆　10. 电源箱　11. 底笼
12. 电缆笼　13. 对重　14. 附墙架　15. 电缆　16. 电缆保护架　17. 立管

图4-4　SCD200/200施工升降机的构造

（一）驱动装置

驱动装置由带常闭式电磁制动器的电动机、蜗轮蜗杆减速器、驱动齿轮和背轮等组成，如图4-5所示。驱动装置安装在吊笼内部，驱动齿轮与导轨架上的齿条相啮合转动，使吊笼上下运行。

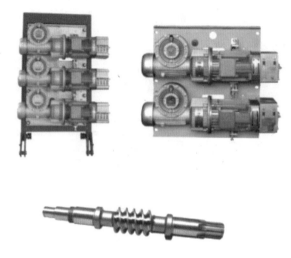

图4-5　驱动装置

（二）防坠限速器

在驱动装置的下方安装有防坠限速器（图4-6），主要由外壳、制动锥鼓、摩擦制动块、前端盖、齿轮、拉力弹簧、离心块、中心套架、旋转轴、碟形弹簧、限速保护开关和限位磁铁等组成。当吊笼在防坠安全器额定转速内运行时，离心块在拉力弹簧的作用下与离心块座紧贴在一起。当吊笼发生异常下滑超速时，防坠限速器里的离心块克服弹簧拉力带动制动鼓旋转，与其相连的螺杆同时旋进，制动锥鼓与外壳接触逐渐增加摩擦力，通过啮合着的齿轮齿条，使吊笼平缓制动，同时通过限速保护开关切断电源保证人机安全。

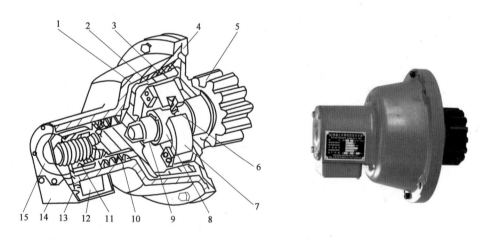

1. 外壳　2. 制动锥鼓　3. 摩擦制动块　4. 前端盖　5. 齿轮　6. 拉力弹簧　7. 离心块
8. 中心套架　9. 旋转轴　10. 碟形弹簧　11. 螺母　12. 限速保护开关　13. 限位磁铁
14. 安全罩　15. 尾盖

图4-6　防坠限速器的结构

（三）吊笼（轿厢）

吊笼（图4-7）为型钢焊接钢结构件，周围有钢丝保护网，有单开或双开门，吊笼顶有翻板门和护身栏杆，通过配备的专用梯子可作紧急出口和在笼顶部进行安装、维修、保养和拆卸等工作。吊笼顶部还设有吊杆安装孔，吊笼内的立柱上有传动机构和限速器安装底板。吊笼是升降机的核心部件。吊笼在传动机构驱动下，通过主槽钢上安装的四组导向滚轮，沿导轨运行。

图4-7 吊笼

（四）底笼

底笼（图4-8）由固定标准节的底盘、防护围栏、吊笼缓冲弹簧和对重缓冲弹簧等组成，底盘上有地脚螺栓安装孔，用于底笼与基础的固定。外笼入口处有外笼门。

当吊笼上升时，外笼门自动关闭，吊笼运行时不可开启外笼门，以保证人员安全。底盘上的缓冲弹簧用以保证吊笼或对重着地时柔性接触。

图4-8 底笼

（五）导轨架

导轨架（图4-9）由多节标准节通过高强度螺栓连接而成，作为吊笼上下运行的轨道。标准节用优质无缝钢管和角钢等组焊而成。标准节上安装着齿条和对重滑道，标准节长1.5 m，多为650 mm×650 mm，650 mm×450 mm和800 mm×800 mm三种规格的矩形截面。导轨架通过附墙架与建筑物相连，保证整体结构的稳定性。

图4-9　导轨架

（六）对重机构

对重用于平衡吊笼的自重，从而提高电动机的功率利用率和吊笼的载质量，并可改善结构受力情况。对重机构由对天轮装置、对重绳轮、钢丝绳夹板、钢丝绳和对重体等组成。天轮装置安装在导轨架顶部，用作吊笼与对重连接的钢丝绳支承滑轮。钢丝绳一端固定在笼顶钢丝绳架上，另一端通过导轨架顶部的天轮与对重相连。对重上装有四个导向轮，并有安全护钩，使对重在导轨架上沿对重轨道随吊笼运行。如图4-10所示。

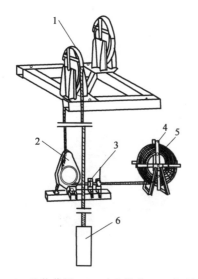

1. 天轮装置　2. 对重绳轮　3. 钢丝绳夹板　4. 钢丝绳架　5. 钢丝绳　6. 对重体

图4-10　对重机构各部位图式和实物

（七）附墙架

附墙架用来将导轨架与建筑物附着连接，以保证导轨架的稳定性。附着架与导轨架加节增高应同步进行。导轨架高度小于150 m，附墙架间隔小于9 m；超过150 m时，附墙架间隔6 m，导轨架架顶的自由高度小于6 m。附墙系统结构，如图4-11所示。

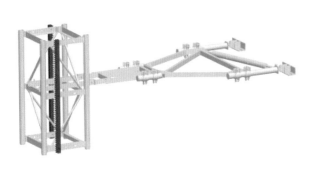

图4-11　附墙系统结构

（八）吊杆

吊杆（图4-12）安装在笼顶或底笼底盘上，有手动和电动两种。在安装和拆卸导轨架时，用来起吊标准节和附墙架等部件。最大起升质量为200 kg。

吊杆上的手摇卷扬机具有自锁功能，起吊重物时按顺时针方向摇动摇把，停止摇动并平缓地松开摇把后，卷扬机即可制动，放下重物时，则按相反的方向摇动。

图4-12　吊杆

（九）电缆保护架和电气设备

电缆保护架使接入笼内的电缆随线在吊笼上下运行时，不偏离电缆笼，保持在固定位置。电缆保护架安装在立管上。电缆通过吊笼上的电缆托架使其保持在电缆保护架的"U"形中心。当导轨架高度大于120 m时，可配备电缆滑车系统。电缆滑车架安装在吊笼下面，由4个滚轮沿导轨架旁边的电缆导轨架运行，固定臂与电缆臂之间的随行电缆靠电缆滑车拉直。电缆保护架和电气设备，如图4-13所示。

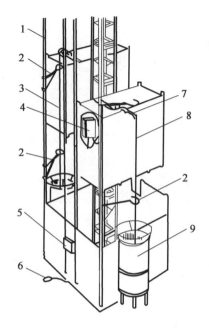

1. 立管　2. 电缆保护架　3. 电缆　4. 电控箱　5. 电源箱
6. 坠落试验专用按钮　7. 电缆托架　8. 电缆　9. 电缆笼

图 4-13　电缆保护架和电气设备

　　升降机电气设备由电源箱、电控箱和安全控制系统等组成。每个吊笼有一套独立的电气设备。由于升降机应定期对安全装置进行试验，每台升降机还配备专用的坠落试验按钮盒。电源箱安装在外笼结构上，箱内有总电源开关给升降机供电。电控箱位于吊笼内，各种电控元器件安装在电控箱内，电动机、制动器、照明灯及安全控制系统均由电控箱控制。电缆滑车与电缆布置，如图4-14所示。

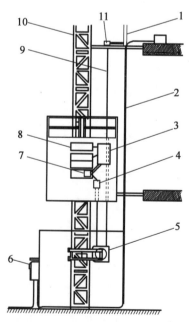

1.立管　2.固定电缆　3.上电箱　4.电缆臂　5.电缆滑车　6.下电箱
7.极限开关　8.驱动装置　9.随行电缆　10.导轨架　11.固定臂

图 4-14　电缆滑车与电缆布置

（十）安全控制系统

安全控制系统由施工升降机上设置的各种安全开关装置和控制器件组成。当升降机运行发生异常情况时,将自动切断升降机的电源,使吊笼停止运行,以保证施工升降机的安全。

吊笼上设置各种安全控制开关,确保吊笼工作时安全。在吊笼的单、双门上及吊笼顶部活板门上均设置安全开关,如任一个门有开启或未关闭,吊笼均不能运行。吊笼上装有上、下限位开关和极限开关。当吊笼行至上、下终端站时,可自动停车。若此时因故不停车超过安全距离时,极限开关动作切断总电源,使吊笼制动。钢丝绳锚点处设有断绳保护开关。

在两套驱动装置上设置了常闭式制动器,当吊笼坠落速度超过规定限额时,限速器自行启动,带动一套制动装置把吊笼刹住。在限速器尾盖内设有限速保护开关,限速器动作时,通过机电联锁切断电源。吊笼内还设有驾驶员作为紧急制动的脚踏制动器。

万一吊笼在运行中突然断电,吊笼在常闭式制动器控制下可自动停车;另外还有手动限速装置,使吊笼缓慢下降。笼内设有楼层控制装置,对每个停靠站可由按钮控制。安全装置,如图4-15所示。

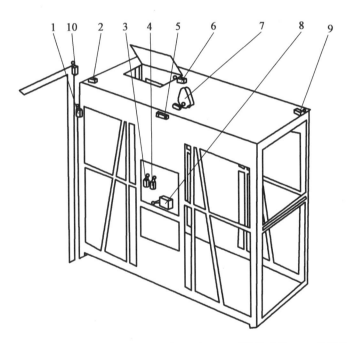

1. 吊笼门联锁　2. 单开门开关　3. 上限位开关　4. 下限位开关　5. 防冒顶开关
6. 顶盖门开关　7. 断绳保护开关　8. 极限手动开关　9. 双开门开关　10. 外护栏联锁

图4-15　安全装置

二、施工升降机的主要技术参数

施工升降机的主要技术参数有额定载质量、最大架设高度、起升速度和功率等。

三、其他主要施工升降设备

（一）多功能施工升降机

适用于烟囱、桥塔、冷却塔以及塔筒薄壳类建筑施工。可同时运送钢筋、混凝土及施工人员的三合一型设备,其工作平台可根据施工半径变化,且与吊笼运行互不干涉,可随施工高度变化而进行爬升,满足了施工需求,安全有效地解决了人员、物料的垂直和水平运输问题。多功能施工升降机,如图4-16所示。

图4-16 多功能施工升降机

(二)登机登高附设升降作业电梯

迷你升降机是一种专门为高耸结构、塔架设备运送操作检修作业人员的登机电梯。迷你升降机导轨井架可以附着于建筑物的外侧或内筒。迷你升降机一般由钢结构、传动系统、电气系统及安全控制系统等组成。登机登高附设升降作业电梯(又称迷你型作业升降机,也称迷你电梯)适用于工业/民用建筑、塔式起重机、港口机械、岸桥、龙门起重机、输电线路桥塔、桥梁、电视塔架、烟囱、锅炉、井道等高耸建筑物或机械上登高作业。

迷你系列登机梯常见类型:气象塔台登高电梯、大型塔机(含港口岸吊机)专用登高电梯、输变电铁塔及风电塔用迷你电梯。如图4-17所示。

a. 气象塔登高梯   b. 大型塔机登高梯   c. 输变电铁塔登高梯

图4-17 迷你系列登机梯

(三)液压顶升平桥

液压顶升平桥(图4-18)集中了塔式起重机与多功能升降机的优点,具有起重功能,同时方便施工人员将地面上的钢筋混凝土运送至指定的施工面,也可用来存放一定量的机具,为施工提供了安全可靠的运行通道,工作平台可根据施工半径变化。适用于火电厂大型冷却塔施工以及异型高耸薄壳塔筒施工。

图4-18 塔筒类建筑施工液压顶升平桥

四、常见设备

1. 三角形导轨架齿轮齿条式升降机。

2. 矩形导轨架齿轮齿条式升降机。

3. 倾斜式齿轮齿条升降机。

4. 曲线式齿轮齿条升降机。

5. 双导轨架钢丝绳式升降机。

6. 单导轨架包容吊笼钢丝绳式升降机。

7. 单导轨架不包容式吊笼钢丝绳式升降机。

8. 混合式升降机。

安全要点

一、施工升降机防护通道

适用位置:适用于施工升降机地面出入口通道防护棚的设置。

具体要求如下。

1. 施工升降机防护通道设置同通道口防护棚设置方式。

2. 防护通道宽于梯笼(架体)两侧至少1 m。

3. 首层梯笼周边2500 mm范围内采用网片式防护围栏进行封闭围护,围栏高度2000 mm。施工电梯防护棚,如图4-19所示。

图 4-19　施工电梯防护棚

二、施工电梯防护门

适用位置:适用于施工电梯各停层平台的防护。

具体要求如下。

1. 施工电梯防护门由框架、门扇、门闩组成。

2. 施工电梯防护门制作材质规格详见图注。

3. 现场安装时,用扣件将门柱与施工电梯楼层出入口操作架进行连接。

4. 防护门扇上标注楼层数。

5. 铺设楼层出入平台时,将木枋搁置在防护门的下框上,走道应铺设牢固。如图 4-20 所示。

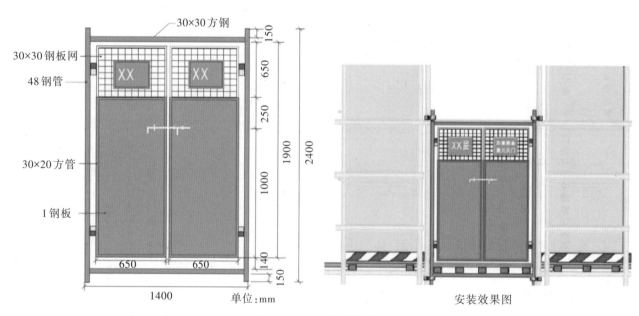

图 4-20　施工电梯防护门

三、施工电梯运料平台

适用位置:适用于施工电梯各层运料平台的防护。

具体要求如下。

1. 运料平台两侧应设置双道防护栏杆,上栏杆高 1200 mm,下栏杆高 600 mm。

2. 立杆内侧满挂密目式安全网,平台外侧设 200 mm 高踢脚板。平台下方满挂水平密目安全网。

3. 防护栏杆和踢脚板刷黄黑相间警示色。运料平台防护,如图 4-21 所示。

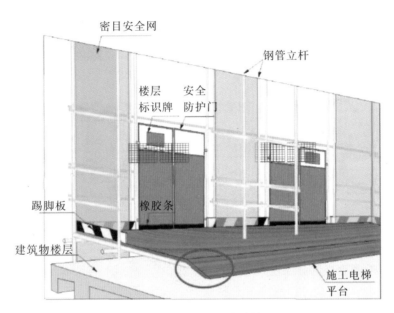

图 4-21　运料平台防护

四、安全装置与附属设备

适用位置 1:适用于施工电梯安全装置的管理。

具体要求如下。

1. 施工升降机必须安装起重量限制器,并灵敏可靠。施工升降机必须安装防坠安全器并灵敏可靠,且在有效标定期内使用。

2. 对重钢丝绳安装防松脱装置,并灵敏可靠。

3. 施工升降机控制装置安装急停开关,任何时候均可切断控制电路停止吊笼运行。

4. SC 型施工升降机安装一对以上安全钩。

5. 施工升降机必须安装极限开关和上、下限位开关,并灵敏可靠。上极限开关与上限位开关的安全越程不小于 0.15m。

6. 极限开关、限位开关设置独立的触发单元。

7. 吊笼门安装机电联锁装置,顶窗安装电气安全开关,并灵敏可靠。电梯安全装置,如图 4-22 所示。

图4-22　电梯安全装置

适用位置2：适用于验收合格的施工电梯。

具体要求如下。

1. 施工电梯安装验收牌用PVC板制作。

2. 尺寸为2000 mm×1200 mm。

3. 施工电梯安装完毕验收合格后，在施工电梯防护通道内侧挂施工电梯安装验收牌。电梯安装验收牌，如图4-23所示。

图4-23　电梯安装验收牌

适用位置3：适用于施工升降机附属装置的设置。

具体要求如下。

1. 设置施工电梯的楼层，在电梯休息平台内须每层设置无线呼叫器。

2. 施工升降机操作室设置人脸或指纹识别系统，防止非操作人员擅自使用。升降机附属装置，如图4-24所示。

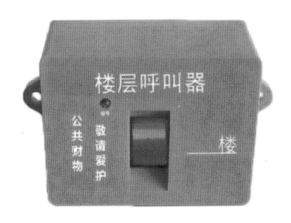

图4-24　升降机附属装置

巩固练习

1. 施工升降机基本构造有哪些？

2. 登机登高附设升降作业电梯常见类型有哪些？

3. 施工升降机重要安全注意点有哪些？分别适用在什么位置？

任务2　塔吊

任务要求

一、安全事故实例

2017年7月22日18时30分许,海珠区振兴大街16号中交集团南方总部基地B区发生一起塔吊倾斜倒塌事故,事故造成7人死亡,2人重伤,直接经济损失847.73万元。

(一)原因认定

广东省安全生产监督管理局公布:经调查认定,事故的直接原因是部分顶升工人违规饮酒后作业,未系安全带;在塔吊右顶升销轴未插到正常工作位置,并处于非正常受力状态下,顶升人员继续进行塔吊顶升作业,顶升过程中顶升摆量内外腹板销轴孔发生严重的屈曲变形,右顶升爬梯首先从右顶升销轴端部滑落;右顶升销轴和右换步销轴同时失去对内塔身荷载的支承作用,塔身荷载连同冲击荷载全部由左爬梯与左顶升销轴和左换步销轴承担,最终导致内塔身滑落,塔臂发生翻转解体,塔吊倾覆坍塌。

(二)责任认定

调查认定这是一起较大生产安全责任事故,认定事故塔吊安装顶升单位北京正和工程装备服务股份有限公司、事故塔吊承租使用单位中交四航局总承包分公司、工程监理方珠江监理公司对事故发生负有责任;认定中交四航局、中建三局、厦门威格斯公司、马尼托瓦克公司等涉事企业不认真落实安全生产责任制,事故预防措施缺失;认定行业主管部门及属地政府安全生产监管不力。

知识准备

一、塔式起重机

塔式起重机是臂架安置在垂直的塔身顶部的可回转臂架型起重机。塔式起重机又称塔机或塔吊,由钢结构、工作机构、电气系统及安全装置四部分组成。

(一)分类及表示方法

塔式起重机的类型很多,其共同特点是有一个垂直的塔身,在其上部装有起重臂,工作幅度可以变化,有较大的起吊高度和工作空间。塔式起重机通常按下列方式分类。

按架设方式:分为快速安装式和非快速安装式两类。快速安装式是指可以整体拖运自行架设,起重力矩和起升高度都不大的塔机;非快速安装式是指不能整体拖运和不能自行架设,需要借助其他起重机械完成拆装的塔机,但这类塔机的起升高度、臂架长度和起重力矩均比快速安装式塔机大得多。

按行走机构:可分为固定式、移动式和自升式三种。固定式是将起重机固定在地面或建筑物上,移动式有轨道式、轮胎式和履带式三种。自升式有内部爬升式和外部附着式两种。

按变幅方式:分为起重臂的仰角变幅和水平臂的小车变幅两种。

按回转机构的位置:分为上回转和下回转两种。目前应用最广泛的是上回转自升式塔机。

按臂架支承型式:分为平头式小车变幅塔机和非平头小车变幅式塔机两种。

按安装方式:分为自升式、整体快速拆装式和拼装式三种。为了扩大塔机的应用范围,满足各种工程施工的要求,自升式塔机一般设计成一机四用的形式,即轨道行走自升式塔机、固定自升式塔机、附着自升式塔机和内爬升式塔机。

塔式起重机的型号由类组、型式、特性、主要参数及改型代号组成,如图4-25所示。

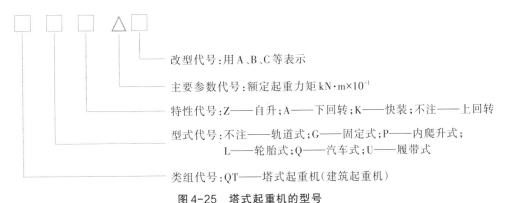

改型代号:用 A、B、C 等表示

主要参数代号:额定起重力矩 kN·m×10^{-1}

特性代号:Z——自升;A——下回转;K——快装;不注——上回转

型式代号:不注——轨道式;G——固定式;P——内爬升式;
L——轮胎式;Q——汽车式;U——履带式

类组代号:QT——塔式起重机(建筑起重机)

图4-25 塔式起重机的型号

型号举例:ATK25A——第一次改型250 kN·m快装下回转塔式起重机;QTZ800——起重力矩8000 kN·m上回转自升塔式起重机。

(二)下回转塔式起重机

下回转塔式起重机的吊臂铰接在塔身顶部,塔身、平衡重和所有工作机构均装在下部转台上,并与转台一起回转。它重心低,稳定性好,塔身受力较好,能做到自行架设,整体拖运,起升高度低。以QTA60型塔机为例说明其构造及工作原理。

QTA60型塔式起重机(图4-26)是下回转轨道式塔机,额定起重力矩为600kN·m,最大起重量6t,最大起升高度39—50 m,工作幅度10—20 m,适合10层楼以下高度建筑施工和设备安装工程。该机主要由吊臂、塔身、转台、底架、行走台车、工作机构、驾驶室和电气控制系统等组成。

（1）金属结构部分

起重臂。起重臂用钢管焊接的格构式矩形截面,中间为等截面,两端的截面尺寸逐渐减小。

塔身。由钢管焊接的格构式正方形断面,上端与起重臂连接,下端与平台连接。

回转平台。由型钢及钢板焊接成平台框架结构,平台前部安装塔身,后面布置两套电动机驱动的卷扬机构,用于完成起升和变幅工作。回转平台与底架用交叉滚柱式回转支承连接。通过回转驱动装置使平台回转。

底架。用钢板焊接成的方形底座大梁及四条辐射状摆动支腿,支腿与底架用垂直轴连接,并用斜撑杆与底架固定,每个支腿端部安装一个两轮行走台车。其中两个带动力行走台车,布置在轨道的一侧。行走台车相对支腿可以转动,便于塔机转弯。整体拖运时,支腿可向里收拢,减少拖运宽度。

（2）工作机构部分

起升机构。采用单卷筒卷扬机提供的动力拉动起升滑轮机构,带动吊钩上下运动,实现吊重。

变幅机构。采用单卷筒卷扬机提供的动力拉动变幅滑轮机构,改变吊臂仰角,实现吊重。

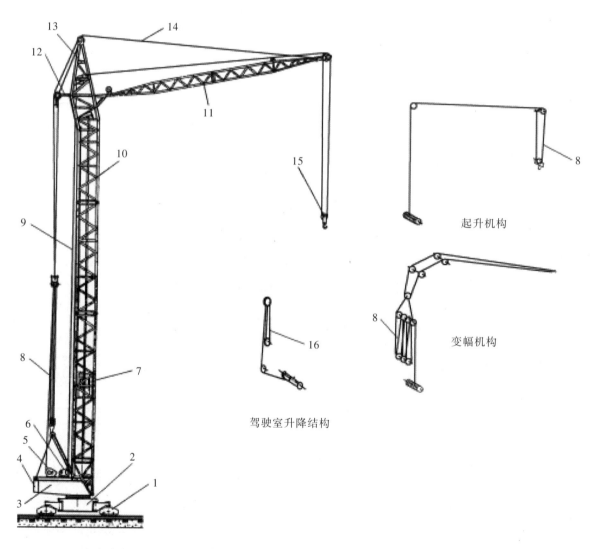

起升机构

变幅机构

驾驶室升降结构

1. 行走台车　2. 底架　3. 回转机构　4. 转台及配重　5. 变幅卷扬机　6. 起升卷扬机
7. 驾驶室　8. 变幅滑轮组　9. 起升滑轮组　10. 塔身　11. 起重臂　12. 塔顶撑架
13. 塔顶　14. 起重臂拉索滑轮组　15. 吊钩滑轮　16. 驾驶室卷扬机构

图4-26　QTA60型塔式起重机

回转机构。采用立式鼠笼式电机通过液压耦合器和行星减速器驱动回转小齿轮绕回转支承外齿圈回转。在减速器输入端还装有开式制动器。

行走机构。由行走台车和驱动装置组成。四个双轮台车装在摆动支腿的端部,并可绕垂直轴转动。其中两个带有行走动力的台车布置在轨道的同一侧,电机通过液压耦合器和行星摆线针轮减速器及一对开式齿轮驱动车轮。行走机构和回转机构的电动机与减速器之间用液压耦合器连接,运动比较平稳。

驾驶室升降机构。塔身下部安装一个小卷扬机构用于提升和放下驾驶室。

该机转场移动时可以整体拖运和整体装拆,因此转移方便。由于下回转塔机的起升高度较低,使用的范围受到很大的限制。随着城市建设的发展,高层建筑越来越多,施工企业购买的塔机应适合各类建设工程的需要,下回转塔机的发展和应用空间也因此越来越小。

(三)上回转塔机

当建筑高度超过50 m时,一般必须采用上回转自升式塔式起重机。它可附着在建筑物上,随建筑物升高而逐渐爬升或接高。自升式塔机可分为内部爬升式和外部附着式两种。内部爬升式塔机的综合技术经济效益不如外部附着式塔机,一般只在工程对象、建筑形体及周围空间等条件不宜采用外附着式塔机时,才采用内部爬升式塔机。上回转塔机的起重臂装在塔顶上,塔顶和塔身通过回转支承连接在一起,回转机构使塔顶回转而塔身不动。

外部附着式塔机可做成多用途形式,有固定式、轨道式和附着式。固定式塔身比附着式塔机低2/3左右,轨道式用于楼层不高建筑群的施工,附着式起升高度最高。

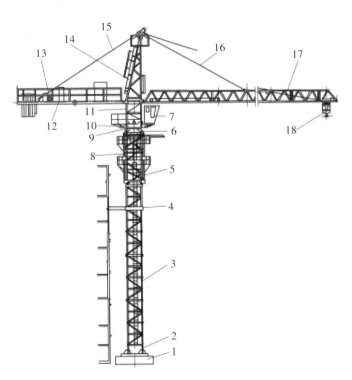

1. 固定基础　2. 底架　3. 塔身　4. 附着装置　5. 套架　6. 下支座　7. 驾驶室　8. 顶升机构
9. 回转机构　10. 上支座　11. 回转塔身　12. 平衡臂　13. 起升机构　14. 塔顶　15. 平衡臂拉杆
16. 起重臂拉杆　17. 起重臂　18. 变幅机构

图4-27　QTZ80型塔式起重机

QTZ80型塔式起重机（图4-27）为水平臂架，小车变幅，上回转自升式多用途塔机。该机具有轨道式、固定式和附着式三种使用方式，适合各种不同的施工对象。该机的最大起重量为8 t，最大起重力矩为800 kN·m，行走式和固定式最大起升高度为45 m，自爬式最大起升高度为140 m，附着式最大起升高度为200 m。为满足工作幅度的要求，该机分别设有45 m及56 m两种长度的起重臂。该机塔起重量大，工作速度快，自重轻，性能先进，使用安全可靠，广泛应用于多层、高层民用与工业建筑，码头和电站等工程。

二、金属结构

（一）底架

底架（图4-28）是塔式起重机中承受全部载荷的最底部结构件，固定式和附着式塔机有井字型和压重型两种底架。

a. 井字型底架　　　　　　　　　b. 压重型底架

图4-28　底架

（二）塔身与标准节

塔身安装在底架上，由许多标准节（图4-29）用螺栓连接而成。标准节有加强型和普通型两种，加强型标准节全部安装在塔身最下部（即在全部普通型标准节下面），严禁把加强型标准节和普通型标准节混装。各标准节内均设有供人通行的爬梯，并在部分标准节内（一般每隔三节标准节）设有一个休息平台。

图4-29　标准节

（三）顶升套架

顶升套架（图4-30）主要由套架结构、工作平台、顶升横梁、顶升油缸和爬爪等组成。塔机的自升加节主要由此部件完成。顶升套架在塔身外部，上端用销轴与下支座相连，顶升油缸安装在套架后侧的横梁上。液压泵站安放在油缸一侧的平台上；顶升套架内侧安装有可调节滚轮，顶升时滚轮起导向支承作用，沿塔身行走。塔套外侧有上、下两层工作平台，平台四周有护栏。

图4-30　顶升套架

（四）回转支承总成

回转支承总成（图4-31）一般由回转平台、回转支承、固定支座（或为底架）组成。

图4-31　回转支撑总成

（五）回转塔身

回转塔身（图4-32）为整体框架结构，下端与回转上支座连接，上端与塔顶、平衡臂和起重臂连接。

图4-32　回转塔身

(六)塔顶

塔顶(图4-33)是斜锥体结构,塔顶下端用销轴与回转塔身连接。

图4-33　塔顶

(七)起重臂

起重臂(图4-34)上、下弦杆都是用两个角钢拼焊成的钢管,整个臂架为三角形截面的空间桁架结构,节与节之间用销轴连接,采用两根刚性拉杆的双吊点,吊点设在上弦杆上。下弦杆有变幅小车的行走轨道。起重臂根部与回转塔身用销轴连接,并安装变幅小车牵引机构。变幅小车上设有悬挂吊篮,便于安装与维修。

图4-34　起重臂

(八)平衡臂

平衡臂(图4-35)是由槽钢及角钢拼焊而成的结构,平衡臂根部用销轴与回转塔身连接,尾部用两根平衡臂拉杆与塔顶连接。平衡臂上设有护栏和走道,起升机构和平衡重均安装在平衡臂尾部,根据不同的臂长配备不同的平衡重。

图4-35 平衡臂

(九)通道与平台

塔身中的通道,一般都要设直立梯或斜梯,设置在塔身内部。最顶部的塔身节或回转固定支座上设平台;凡需安装、检修操作的处所,都应设可靠的通道和平台。

三、工作机构

工作机构,如图4-36所示。

1. 起升机构。起升卷扬机安装在平衡臂的尾部。

2. 变幅机构。小车牵引机构安装在吊臂的根部。

3. 回转机构。回转机构有两套,对称布置在大齿圈两侧。

4. 行走机构。由两个主动台车和两个被动台车、限位器、夹轨器及撞块等组成。

5. 顶升机构液压系统。顶升机构的工作是靠安装在爬架侧面的顶升油缸和液压泵站来完成的。

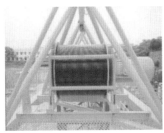

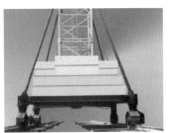

| a. 起升机构 | b. 变幅机构 | c. 回转机构 | d. 行走机构 |

图4-36 工作机构

四、安全控制装置

塔式起重机的安全控制装置(图4-37)主要包括起重力矩限制器、最大工作荷载限制器、起升高度限位器、回转限位器、幅度限位器和行走限位器等。

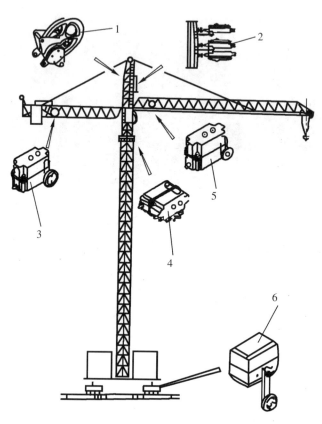

1. 力矩限制器　2. 起重量限制器　3. 起升高度限位器　4. 回转限位器　5. 幅度限位器　6. 行走限位器

图4-37　安全装置

力矩限制器。力矩限制器由两条弹簧钢板和三个行程开关及对应调整螺杆等组成。安装在塔顶中部前侧的弦杆上。当起重机吊重物时,塔顶主弦杆会发生变形。当荷载大于限定值,其变形显著,螺杆与限位开关触头接触时,力矩控制电路发出警报,并切断起升机构电源,起到防止超载的作用。

起重量限制器。起重量限制器是用于防止超载发生的一种安全装置。由导向滑轮、测力环及限位开关等组成。测力环一端固定于支座上,另一端则锁固在滑轮轴的一端轴头上。滑轮受到钢丝绳合力作用时,便将此力传给测力环。当荷载超过额定起重量时,测力环外壳发生变形。测力环内金属片和测力环壳体固接,并随壳体受力变形而延伸,导致限位开关触头接触。力矩控制电路发出警报,并切断起升机构电源,起到防止超载的作用。

起升高度限位器和幅度限位器固定在卷筒上,带有一个减速装置,由卷筒轴驱动,它可记下卷筒转数及起升绳长度,减速装置驱动其上若干个凸轮。当工作到极限位置时,凸轮控制触头开关,可切断相应运动。

回转限位器。回转限位器带有由小齿轮驱动的减速装置,小齿轮直接与回转齿圈啮合。当塔式起重机回转时,其回转圈数在限位器中记录下来。减速装置带动凸轮控制触头开关,便可在规定的回转角度位置停止回转运动。

行走限位器。行走限位器用于防止驾驶员操纵失误,保证塔式起重机行走在没有撞到轨道缓冲器之前停止运动。

超程限位器。当行走限位器失效时,超程限位器用以切断总电源,停止塔式起重机运行。所有限位装置工作原理都是通过机械运动加上电控设备来达到目的的。

五、内爬式塔式起重机

内爬式塔式起重机(图3-38)安装在建筑物内部,并利用建筑物的骨架来固定和支撑塔身。它的构造和普通上回转式塔式起重机基本相同。不同之处是增加了一个套架和一套爬升机构,塔身较短。利用套架和爬升机构能自己爬升。内爬式起重机多由外附式改制而成。

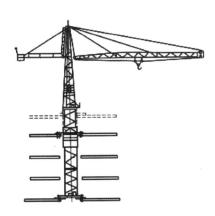

图4-38　内爬式塔式起重机

六、塔式起重机安全作业安全监控管理系统

塔式起重机安全监控管理系统(图4-39)通过对塔机工作载荷、位移等信号的采集和额定工作参数的采集,利用液晶显示屏实时向操作者显示塔机的当前工作参数及与额定参数的对比状况,并对数据进行记录,为管理者进行监管塔机提供了有效的数据来源。

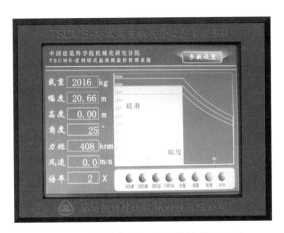

图4-39　塔式起重机安全监控管理系统

其主要功能如下。

1. 实时显示

以图形和数值实时显示当前工作参数,包括起重量、力矩、幅度、回转角度及起升高度,图形为塔机额定起重特性曲线。

2. 临界报警

当起重量、起重力矩超过90%额定值时自动发出声光报警。

3. 安全控制

24路控制信号输出,接入塔机控制系统即可实现GB/T5031-2008中的所有安全控制要求。

4. 参数记录

全部工作参数记录可储存并可方便下载,可用专用软件查看,也可保存为Excel格式,方便统计管理。

5. 统计功能

可自动进行累计工作时间和累计工作循环统计和显示。

6. 超载查询

可在下载数据中方便地查询超载次数、超载重量及超载工况数据;

7. 单机区域限制

可通过预设参数防止吊钩进入限制工作区域。

8. 群塔干涉预警

适用于动臂、平臂、平头等不同形式塔机混合复杂的施工情况。

9. 违章短信提醒

塔机违章作业时以短信形式发送至安全管理员手机中。

10. 远程管理

塔机的工作数据可以通过无线网络和互联网传输,通过授权可以实时查看、管理。

11. 密码功能

所有参数的设定都设有密码保护,防止非授权更改。

塔式起重机安全监控管理系统具有以下特点:(1)非接触式角度、高度、幅度传感器,重复精度高,抗干扰能力强,使用寿命长,安装更方便;(2)标配中文、英文、俄文三种语言显示界面,中英文两种界面的数据管理软件;(3)所有参数设定都设有密码保护,防止未经授权的更改行为;(4)所有传感器及主电路板均加装了防雷保护装置。

七、常见设备

1. 轨道式上回转塔式起重机。

2. 轨道式上回转自升塔式起重机。

3. 轨道式下回转塔式起重机。

4. 轨道式下回转自升塔式起重机。

5. 快装式塔式起重机。

6. 汽车塔式起重机。

7. 轮胎塔式起重机。

8. 履带塔式起重机。

9. 组合塔式起重机。

安全要点

一、基础防护围栏

适用位置:适用于塔吊基础的安全防护。

具体要求如下。

1. 塔吊基础外用网片式防护围栏进行封闭围护,围栏高度2000 mm。

2. 基础防护围栏设可开防护门,上锁,防止非专业人员进入塔吊。塔吊基础防护栏,如图4-40所示。

图 4-40 塔吊基础防护栏

二、塔吊附墙操作平台

适用位置:适用于塔吊附墙安拆操作平台的搭设。

具体要求如下。

1. 操作平台由防护栏杆、脚手板、密目式安全网组成。

2. 塔吊附着装置的安装位置应搭设操作平台。

3. 平台用钢管搭设,满铺脚手板,设置1200 mm高防护栏杆,内挂密目式安全防护网,塔吊附墙操作平台的详细尺寸和效果图,如图4-41所示。

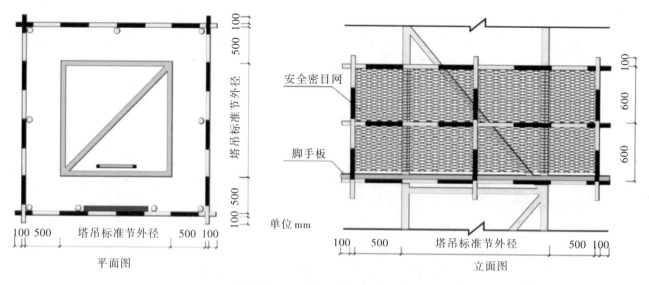

安全密目网

脚手板

单位 mm

平面图

立面图

图4-41 塔吊附墙操作平台的详细尺寸和效果图

三、上塔人行通道及休息平台

适用位置:适用于塔吊上人通道及休息平台(图4-42)的搭设。

图4-42 塔吊上塔人行通道及休息平台

具体要求如下。

1. 上塔人行通道须按高空作业的规定与塔身可靠连接。

2. 当塔吊披梯超过10 m时,应设置休息小平台。第一个小平台设置在不超过12.5 m高度处,以后每10 m内设置一个。

四、群塔防碰撞系统

适用位置:适用于施工现场存在群塔作业的塔吊。

具体要求如下。

1. 编制防碰撞专项方案,安装防碰撞系统,并对司机、指挥人员专项交底。

2. 防碰撞系统实时显示塔机当前工作参数,司机可直观了解塔机的工作状态。精确采集实时小车幅度、回转角度等数据,将数据与设定数据进行比较,超出范围时切断不安全方向动作,并声光报警。控制群塔的协调作业,相互间不发生碰撞事故。

3. 多塔作业时应满足两台塔吊之间最小架设距离的要求,即处于低位的塔吊臂架端部与另一台塔吊的身之间至少有2 m的距离;处于高位塔吊的最低位置的部件与低位塔吊中处于最高位置部件之间的垂直距离不小于2 m。

群塔防碰撞系统,如图4-43所示。

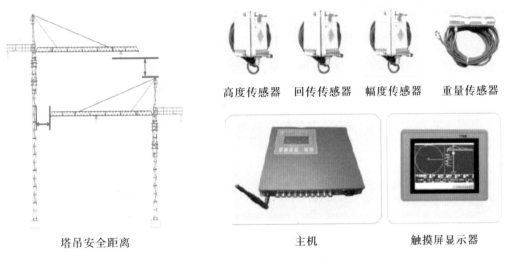

高度传感器　　回传传感器　　幅度传感器　　重量传感器

塔吊安全距离　　　　　　　　主机　　　　触摸屏显示器

图4-43　群塔防碰撞系统

五、气瓶吊笼、零散吊脚料与安全警示牌

适用位置1:适用于塔吊对气瓶的吊装使用。

具体要求如下。

1. 吊笼(图4-44)由角钢、圆钢、钢板等焊接组成。

2. 吊笼尺寸为800 mm×600 mm×2000 mm,边框选用45 mm×45 mm×5 mm角钢焊接,围栏选用Φ12 mm圆钢焊接,吊环选用Φ20 mm圆钢焊接。

3. 顶部选用5 mm厚的钢板封闭,悬挂"禁止烟火"警示标牌。

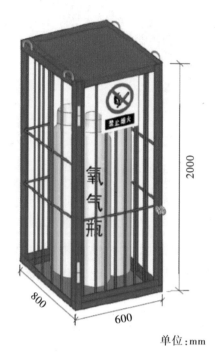

单位:mm

图4-44 吊笼

适用位置2:适用于塔吊对零散材料的吊装使用。

具体要求如下。

1. 吊斗(图4-45)采用方钢管、镀锌钢板焊接制作。

2. 吊斗尺寸为1500 mm×1500 mm×1000 mm(参考尺寸,可根据实际设置),吊斗应经过安全计算满足要求验收合格后使用。

3. 吊斗框架由50 mm×50 mm×4 mm方钢管焊接,内衬1.5 mm镀锌钢板进行围护,吊斗四角采用20 mm圆钢焊接吊钩,方便调运。

4. 框架及衬板刷红白警示漆。

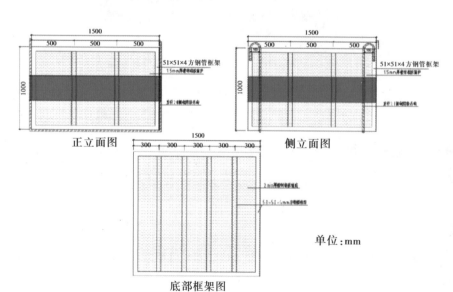

单位:mm

图4-45 吊斗

适用位置:适用于验收合格的塔吊。

具体要求如下。

1. 塔吊安装验收牌由PVC板制作。

2. 验收牌尺寸为2000 mm×1200 mm。

3. 塔吊安装完毕验收合格后,在塔吊基础围护围栏上挂安装验收牌,如图4-46所示。

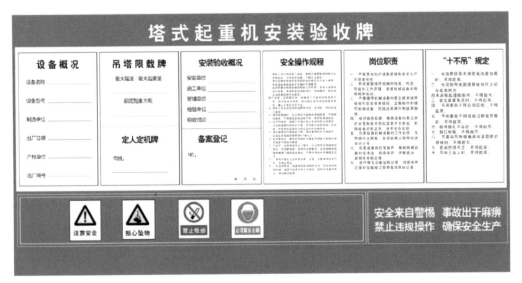

图4-46　塔吊安装验收牌

 巩固练习

1. 塔吊的基本构造有哪些?

2. 塔式起重机安全作业安全监控系统的主要功能有哪些?

3. 塔吊重要安全注意点有哪些?分别适用在什么位置?

任务3　加工棚与库房

任务要求

1. 了解什么是加工棚和库房。
2. 明确加工棚与库房安全防护的重要性。

知识准备

　　近年来,国家对建筑施工安全生产标准要求越来越高,住建部颁发的《建筑施工安全生产标准化考评暂行办法》,目的就是从根本上加强施工安全管理,落实具体责任,这也就促使建筑施工定型、标准化安全防护工程成了势在必行的举措。建筑工地防护棚在工地中有着不可或缺的地位,不仅是安全施工的重要保障,也是保护工地施工人员安全的基石。因此加工棚的搭建工作是建筑工作的重中之重。

安全要点

一、木工加工棚

适用位置:适用于施工现场木工加工区域的防护。

具体要求如下。

1. 木工加工棚(图4-47)采用方钢定型化制作。加工车间地面需硬化,立柱与地面连接牢固。

2. 木工加工棚净空高度不低于2900 mm。

3. 木工加工棚立柱、桁架主梁均采用150 mm×150 mm的方钢,桁架连杆均用50 mm×150 mm的方钢,立柱基础浇筑700 mm×70 0mm×700 mm混凝土,预埋300 mm×300 mm×12 mm的钢板。(各种型材及构配件规格为参考值,具体规格根据当地风荷载、雪荷载进行核算。)

4. 防护棚顶部进行双层防护(一层钢笆片,一层木工板,铺设密实),防护间距为 600 mm。顶部采用 18 mm 厚的夹板封闭,四周 700 mm 高处挂安全标语,标语用彩色喷绘制作。

5. 防护棚内放置灭火器。

图 4-47　木工加工棚

二、钢筋加工棚

适用位置 1:适用于施工现场钢筋加工区域的防护。

具体要求如下。

1. 基础尺寸为 1000 mm×1000 mm×700 mm,采用 C30 混凝土浇筑,预埋 400 mm×400 mm×12 mm 的钢板,钢板下部焊接直径为 20 mm 的钢筋,并塞焊 8 个 M18 螺栓固定立柱。

2. 立柱采用 200 mm×200 mm 的型钢,立杆上部焊接 500 mm×200 mm×10 mm 的钢板,以 M12 的螺栓连接桁架主梁,下部焊接 400 mm×400 mm×10 mm 的钢板。

3. 斜撑为 100 mm×50 mm 的方钢,斜撑的两端焊接 150 mm×200 mm×10 mm 的钢板,以 M12 的螺栓连接桁架主梁和立柱。

4. 桁架主梁采用 18 号工字钢,上部焊接 6 个直径为 20 mm 的钢筋,固定龙骨架。钢筋加工棚,如图 4-48 所示。

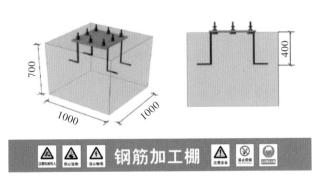

图 4-48　钢筋加工棚

适用位置2:适用于施工现场钢筋加工区域的防护。

具体要求如下。

1. 桁架主梁上部以钢管搭设龙骨,防护棚顶部进行双层防护(一层钢笆片,一层木工板,铺设密实),防护间距为600 mm。防护棚顶部采用18 mm厚的夹板封闭,四周张挂安全标语,标语贴于700 mm高处,彩色喷绘制作。

各种型材及构配件规格为参考值,具体规格应根据当地风荷载、雪荷载进行核算。如遇台风应采取防风措施,可设置缆风绳。钢筋加工棚区域防护,如图4-49所示。

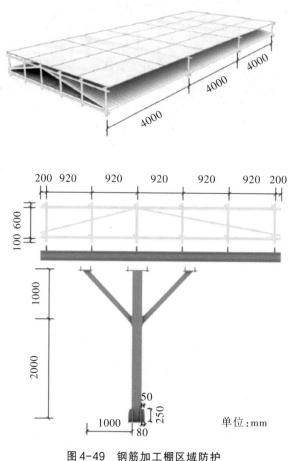

图4-49　钢筋加工棚区域防护

三、小型机械防护棚

适用位置:适用于施工现场塔吊作业半径范围内小型机械作业的防护。

具体要求如下。

1. 塔吊作业半径内小型机械作业必须安装双层防护棚。

2. 各构件可分段加工,用螺栓连接,便于安装及运输。

3. 立柱应设置砼基础,各构件应焊接牢固,确保稳定性。各种型材及构配件规格为参考值,具体规格应根据当地风荷载、雪荷载进行核算。如遇台风应采取防风措施,可设置缆风绳。

4. 防护棚顶部进行双层防护(一层钢笆片,一层木工板,铺设密实),防护间距为600 mm。防护棚顶部采用18 mm厚的夹板封闭,四周700 mm高处挂安全标语,标语用彩色喷绘制作。小型机械防护棚,如图4-50所示。

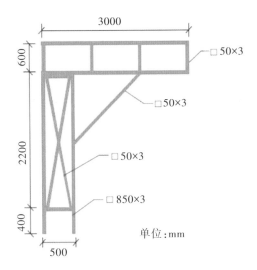

图4-50 小型机械防护棚

四、气瓶库房

适用位置:适用于施工现场气瓶库房的设置。

具体要求如下。

1. 易燃易爆物品须分类储藏在专用库房内,采取防火措施,库房内通风良好,并设置灭火器材及严禁明火标志。

2. 氧气瓶应与乙炔瓶分开存放,并设置专人管理仓库,空瓶与满瓶需分开存放。

3. 仓库禁止设置在地下室,需防雨、防晒并通风。

4. 处于塔吊回转半径内时,库房应设置双层防砸棚。气瓶库房,如图4-51所示。

图4-51 气瓶库房

巩固练习

1. 施工工地上有哪几类加工棚？分别适用在什么位置？

2. 小型机械防护棚施工要求有哪些？

3. 气瓶库房有哪些额外注意事项？

任务4　小型机具

任务要求

安全事故实例

熊某是扬州某公司的负责人。2013年2—4月,熊某将该公司"摄录一体机"安装工程分包给无任何资质的徐某。随后,徐某在明知徐某某未经专门安全作业培训,未取得电工作业操作资格证的情况下,仍雇徐某某进行"摄录一体机"的安装作业。

2013年3月18日,徐某某错误地将"摄录一体机"与仪征市某商店内的金卤射灯连接在一起,埋下火灾隐患,徐某未在现场安全管理。同月25日8时许,因"摄录一体机"变压器短路形成电火花,导致仪征某商店发生火灾。该事故给仪征某商店造成直接经济损失达110余万元。

2013年5月7日,徐某和徐某某向公安机关投案,并积极与被害单位达成赔偿协议。

法院认为,徐某、徐某某在作业中违反有关安全管理的规定,造成严重后果,其行为构成重大责任事故罪,依法对两人处以相应刑罚。

知识准备

一、中小型机具进场要求

1. 各项目施工所需的中小型机具设备各项目部应在施工前向机械租赁公司提出,由租赁公司协调安排,以满足施工要求。

2. 租赁公司向项目部提供的中小型设备应在进场前加强保养维护,确保机具设备正常运转。

3. 项目部自有的中小型机具设备,应由材料部门负责登记造册。进场使用前,加强技术安全性能维护保养,经专业技术人员和项目安全(设备)员检查验收,确认符合安全技术要求,方可投入使用。

二、中小型机具设备日常保养制度

1. 中小型施工机具设备每天上班前必须进行例行保养检查。

2. 进行例保时,必须在机械停止时进行,戴好安全帽和必要的劳防用品。

3. 一般情况下,不准带电保养,如有必要,必须做好防护措施。检查电器设备应切断电源,挂上"禁止合闸"的牌子,以免发生事故。

4. 例保时对中小型机具设备关键和危险部位重点检查,确保安全使用。

5. 每天根据例保卡上项目内容仔细检查,填写例保记录,以便检查。

6. 安全(设备)员要对机操人员经常进行安全作业教育,操作人员必须持证上岗,严禁违章指挥、违章作业。

安全要点

一、圆盘锯

适用位置:适用于施工现场的圆盘锯(图4-52)的安全防护。

具体要求如下。

1. 圆盘锯防护由支架和防护罩组成,支架采用50 mm×50 mm×2 mm的厚方钢与30 mm×30 mm×2 mm的方钢套接组成,在50 mm方钢上设置内顶螺丝用于调节支架长度。

2. 防护罩采用1 mm厚的钢板,按图示直径30 cm进行焊接制作,防护罩与支架间采用焊接。

3. 锯片上方安装锯片防护装置。

4. 传动部位安装防护罩。

5. 圆盘锯使用前进行验收,挂验收牌。

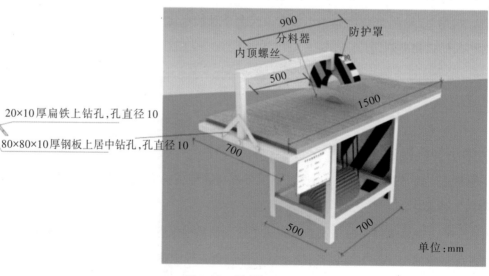

图4-52 圆盘锯

二、切割机防护罩

适用位置:适用于施工现场切割机作业时的防护。

具体要求如下。

1. 主框架采用30 mm×30 mm×2 mm的角钢,护板用2 mm厚的钢板与主框架焊接。

2. 切割机使用时应配置防护罩。

3. 切割机使用前进行验收。切割机的防护罩如图4-53所示。

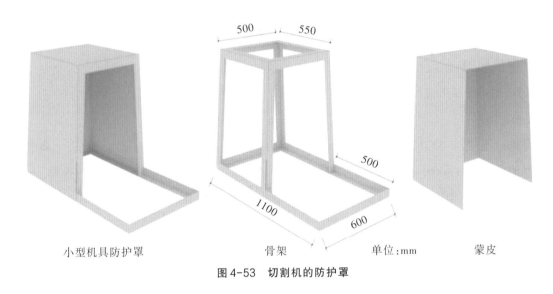

小型机具防护罩　　　　　　骨架　　　单位:mm　　　蒙皮

图4-53　切割机的防护罩

三、电焊机

适用位置:适用于施工现场电焊机的使用,如图4-54所示。

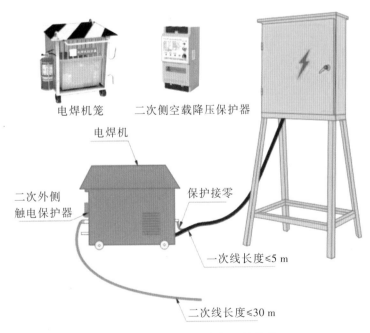

图4-54　施工现场电焊机的使用

具体要求如下。

1. 电焊机变压器的一次侧电源线长度不应大于5 m,其电源进线处必须设置防护罩。

2. 电焊机二次侧焊把线应采用防水橡皮护套铜芯软电缆,电缆长度不应大于30 m。

3. 电焊机二次侧应安装触电保护器(空载降压保护装置)。电焊机外壳应做保护接零。

4. 焊接作业人员持特种作业证书上岗,焊接时须穿戴防护用品,严禁露天冒雨进行焊接。

5. 电焊设备防护外壳完整,一、二次线接线端应有防护罩,有防雨防潮措施。

6. 在潮湿地带作业时,应铺设绝缘物品,操作人员应穿绝缘鞋,戴绝缘手套,使用防眩光罩。电焊作业时应配备接火斗、灭火器,办理动火申请,并设专人监护。

四、电焊机吊笼

适用位置:适用于施工现场电焊机的转运使用。

具体要求:

1. 电焊机吊笼(图4-55)尺寸一般为600 mm×400 mm×500 mm,具体尺寸根据电焊机尺寸确定。

2. 主框架采用40 mm×40 mm×5 mm的角钢,围栏用40 mm×3 mm的扁钢与主框架进行焊接,上面将2 mm厚的钢板用合页与主框架进行连接,4个角部焊接4个直径为20 mm的圆钢吊环。

3. 下部用2 mm厚的钢板与主框架焊接牢固。

4. 底部4个角位置焊接4个直径为80 mm的滚轮,焊机防护箱外部挂灭火器。

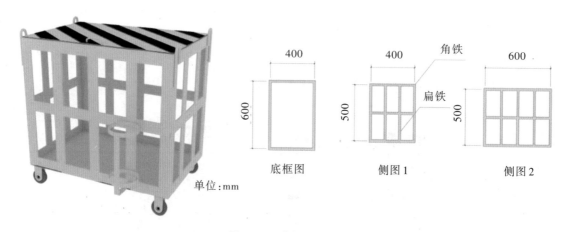

图4-55 电焊机吊笼

五、气瓶

适用位置:适用于施工现场气瓶的使用。

具体要求如下。

1. 塔吊吊运过程中,严禁将氧气和乙炔瓶同时捆绑吊运,必须单独运输。

2. 氧气瓶须安装减压器,乙炔瓶须安装回火防止器,氧气瓶在运输时应装有防震圈及防护帽。

3. 乙炔瓶和氧气瓶不得同库存放和同车运输,乙炔瓶存放或使用时不得卧放。

4. 使用乙炔瓶与氧气瓶时两者的距离不得小于5 m,与明火距离不得小于10 m。

5. 应统一制作专用气瓶(图4-56)用于气瓶现场运输;气瓶推车应有防晒措施,灭火器随车运输。

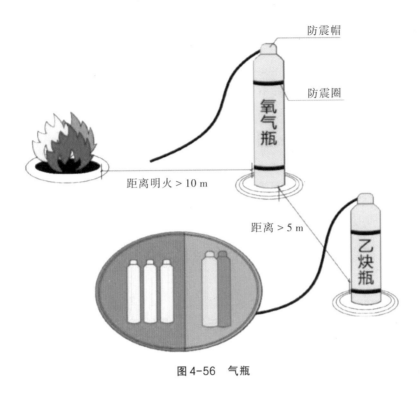

图4-56 气瓶

六、钢筋机械

适用位置:适用于施工现场钢筋加工机械(图4-57)的使用。

图4-57 钢筋加工机械

具体要求如下。

1. 钢筋加工机底部应固定牢固,避免作业过程中移动,工作台和台面应保持水平。

2. 设备应满足"一机一闸一漏一箱"要求,机身外壳应做重复接地,重复接地应符合要求。

3. 操作人员站立位外,机身应装有紧急停止开关。

4. 加工区设置安全作业棚(双层架板),配备消防器材。

5. 机械齿轮、皮带轮等高速运转部分,必须安装防护罩或防护板。防护罩或防护板安装应牢固,不应破损。

6. 钢筋机械安装完毕后要进行验收,验收合格后挂验收牌。

七、砼振捣器

适用位置:适用于施工现场砼振捣器(图4-58)的使用。

具体要求如下。

1. 设备做保护接零,漏电保护器灵敏可靠。

2. 使用移动式配电箱,电缆线应采用耐候性橡皮护套铜芯软电缆,长度不应大于30 m,并采取架空离地措施。

3. 操作人员应按要求穿绝缘鞋,戴绝缘手套。

4. 设备满足"一机一闸一漏一箱"的要求。

图4-58　砼振捣器

八、桩工机械

适用位置:适用于施工现场桩工机械的使用。

具体要求如下。

1. 打桩机(图4-59)安装完毕投入使用前须有相关责任人签字确认的验收文件;检查安全装置与说明书相符,并灵敏可靠。

2. 作业区域地面承载力符合机械说明书要求,打桩机作业时应与基坑、基槽保持安全距离。

3. 桩机作业区内不得有妨碍作业的高压线路、地下管道和埋设的电缆。作业区应有明显标志或围栏,非工作人员不得进入。

4. 作业前,应对作业人员进行详细的安全技术交底。桩机的安装、试机、拆除应严格按设备使用说明书要求进行。

图 4-59　打桩机

 巩固练习

1. 施工工地上常见的机具有哪些?

2. 简述圆盘锯的使用要求。

3. 简述电焊机的使用要求。